ムダ取りの実践

7つのムダはこうつぶす

細谷克也 監修
香川博昭 著

日科技連

まえがき

　改善は企業にとって必要で欠くことができないものである．企業が存続し，成長し続けるために，現場の改善には終わりがない．企業を取り巻く環境がどのように変化しても，現場の改善は少しずつでも，たゆまず着実に，そして常に前向きに取り組まなければならない．

　現場の改善では，改善に取り組む意識，方法と，その実践が大切である．改善推進者，職場リーダーは元より，すべての作業者が改善意識を持たなければ改善は続かない．改善の意識や意欲を高めるには，

① できる限り多くのメンバーが活動に参加すること
② 参加した一人ひとりのメンバー自らが分析の方法，対策のアイデアを考えること
③ 改善により得られたもの(改善の成果は元より，メンバーのスキルアップやレベル向上)による喜びや達成感を実感すること

の3つが重要である．このように改善活動において「参加する」，「考える」，「感じる」ことを繰り返すことで参加するメンバー全員に改善の意識が高まり，次の改善への原動力が生まれる．

　本書は，改善に取り組もうとする現場の推進者や実務者に対して，現場の改善におけるムダ取りの着眼と実践の方法を示すものである．

　モノづくりの現場で必要なことは，モノに付加価値をつけることである．付加価値をつけること以外はすべてムダである．本書では，現場の7つのムダそれぞれについて，どのように改善すればよいのか，ムダの着眼とムダ取りの実践の方法を示している．また，7つのムダは一見無関係でバラバラに発生するように思われるが，それぞれの原因を見る

と，作業のしかた・しくみや作業者のスキルの中にムダを生む原因が見えてくる．ムダを排除しモノづくりのレベルを上げていくためには，個々のムダだけを見るのではなく，付加価値作業をどのようにうまく連携させ，つないでいくかに目を向けなければならない．

　本書は，このような視点に立って，全体の作業を見ながらムダを分析し，対策を打ち，よりよい作業方法をつくり上げ，標準化する，ムダ取りの実践的な進め方を示している．

　執筆にあたっては，日頃より，公私に亘りご指導いただき，本書の監修をお引き受けいただいた細谷克也先生，執筆に際し多くのご助言をいただいた松本　健氏　福山昌弘氏　村瀬正義氏，企画や編集に際して的確なアドバイスをいただいた日科技連出版社の戸羽節文氏，石田　新氏，そして，日々共に現場で改善に取り組む関係各社の改善の仲間に，心より感謝申し上げます．

2017年10月吉日

香川　博昭

目　次

まえがき ·· iii

第 I 部　現場のムダはこうして見つける！

第1章　現場には必ずムダがある ·································· 3
1.1　ムダ取りの必要性　4
1.2　ムダとは何か　7
1.3　7つのムダ　9
1.4　ムダ取りの3つのポイント　13

第2章　ムダはこうして見つける ································ 17
2.1　作業のムダを見つける方法(ビデオ分析による作業分析)　18
　2.1.1　ビデオ分析の手順　18
　2.1.2　ビデオ分析による作業分析(作業組合せ表)　21
2.2　作業者間のムダを見つける方法(流れ分析)　26
　2.2.1　モノの流れ分析(動線図と流れ分析チャート)　27
　2.2.2　モノと情報の流れ分析(モノと情報の流れ図)　33
2.3　つくり方のムダを分析する方法(なぜなぜ分析)　41
　2.3.1　なぜなぜ分析とは　41
　2.3.2　なぜなぜ分析の進め方　41
　2.3.3　なぜなぜ分析の効果　49

第Ⅱ部　ムダ取りの実践はこうする！

第3章　ムダ取り実践の手順 …………………………………… 53
- 3.1　ムダ取りの対策がわかっている場合　54
- 3.2　ムダ取り実践の手順　54

第4章　作業（動作・運搬）のムダ取り ……………………… 61
- 4.1　3Sによるムダ取り　62
  - 4.1.1　作業のムダ取りの 方法1 ：3S　62
  - 4.1.2　作業のムダ取りの事例1―3Sによるムダ取り―　64
- 4.2　動作経済の原則とECRSによるムダ取り　69
  - 4.2.1　作業のムダ取りの 方法2 ：動作経済の原則　69
  - 4.2.2　作業のムダ取りの 方法3 ：ECRS　73
  - 4.2.3　作業のムダ取りの事例2―動作経済の原則とECRSによるムダ取り―　74

第5章　作業者間（手待ち・つくり過ぎ・在庫）のムダ取り … 83
- 5.1　標準作業づくりによるムダ取り　84
  - 5.1.1　作業者間のムダ取りの 方法1 ：標準作業づくり　84
  - 5.1.2　作業者間のムダ取りの事例1―標準作業づくりによるムダ取り―　89
  - 5.1.3　作業者間のムダ取りの事例2―標準作業づくりによるムダ取り―　96
- 5.2　流れづくりによるムダ取り　104
  - 5.2.1　作業者間のムダ取りの 方法2 ：流れづくり　104
  - 5.2.2　作業者間のムダ取りの事例3―流れづくりによるムダ取り―　125

第6章 つくり方(不良・加工そのもの)のムダ取り ……… 133
6.1 なぜなぜ分析によるムダ取り　*134*
6.1.1 つくり方のムダ取りの 方法 ：なぜなぜ分析　*134*
6.1.2 つくり方のムダ取りの事例—なぜなぜ分析によるムダ取り—　*134*

第7章 ムダ取り活動の効果的な展開方法(工場全体への展開) … 143
7.1 工場全体へ展開するためのポイント　*144*
7.2 工場全体へ展開するための4つの活動　*144*
7.2.1 目指す姿と工場全体への展開ステップの明確化　*145*
7.2.2 全員参加による改善のしくみづくり　*146*
7.2.3 人の育成　*148*
7.2.4 改善の評価と表彰制度　*149*

引用文献・参考文献 ……………………………………………………… 151
索　　引 ………………………………………………………………… 153

第Ⅰ部

現場のムダは こうして見つける!

第1章

現場には必ずムダがある

1.1 ムダ取りの必要性

(1) 問題に気づく

日々,現場で作業に追われていると,今日の仕事をこなすことにとらわれて,現状のやり方や状態に目を向ける余裕がなくなってくる.日々の仕事の中で,いまの仕事がどの程度のレベルにあるのか,作業の中にムダがないか現状を振り返ることから,改善は始まる.

図 1.1 に示すように,まず現場の現状を知り,あるべき姿や目標とのギャップ(差)である問題に気づくことが大事である.現状に疑問を持たなければ問題を感じない.問題を感じなければ改善をしようと思わない.改善を行うには,現状のレベルに疑問を持ち,よりよい方法や作業レベルがあるのではないかと疑問を持つ感性が必要である.

よりよい方法や作業レベルは,言い換えると自分たちのあるべき姿や目標とする作業レベルである.あるべき姿や目標がなければ,現状とのギャップ(差),すなわち問題を感じないのである.「いまの方法,やり

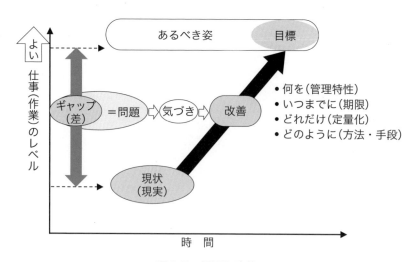

図 1.1　問題と改善

方でよい」では，改善に取り組む意識は生まれない．改善は常に目標（いまよりも少しでも高いレベル・状態）を思い描いて，よりよい姿をめざす活動である．

(2) 改善とは，モノづくりの力(レベル)を上げること

あるべき姿や目標を明確にして改善に取り組むためには，現状の職場のモノづくりの力(レベル)を測る指標が必要になる．職場のレベルを測る尺度としては，まず生産性が考えられる(図1.2)．

生産性(P：Productivity)は，生産のしくみやシステムにおいて，投入したモノにどれだけの価値を付加できたかをインプット(投入量)とアウトプット(生産量)の比率で表す．1の投入量に対して2の生産量ができれば，2倍の生産性になる．生産性を，例えば金額で換算すると，投入に掛けた金額で，生産量を生み出すことによって，どれだけの対価を得たか(売れたか)の比率で示される．より高い生産性になれば，生産のレベルは上がる．

職場のレベルを測る尺度には，P(Productivity)：生産性の他にも，QCDSMEが考えられる．それぞれ，Q(Quality)：品質，C(Cost)：コスト，D(Delivery)：納期・スピード，S(Safety)：安全，M(Morale)：従業員の意欲・やる気，E(Environment)：環境や社会への貢献である．これらの職場のレベルを示す要素が生産システム(モノづくり)のレベルを示す．改善とは，このPQCDSMEのレベルを上げる活動である(図1.3)．改善によりこれらのレベルを上げ，上げた状態を標準化し，維持して，さらにまた改善によりレベルを上げていく．

改善は，企業や社会発展の源である．改善には，日々の作業の小さな改善もあれば，職場の生産性を飛躍的に向上する大きな改善もある．しかし大小の違いはあっても，どのような改善も現状を変えてしくみや活動のレベルを継続的に上げるために重要な取組みである．本書で示す改

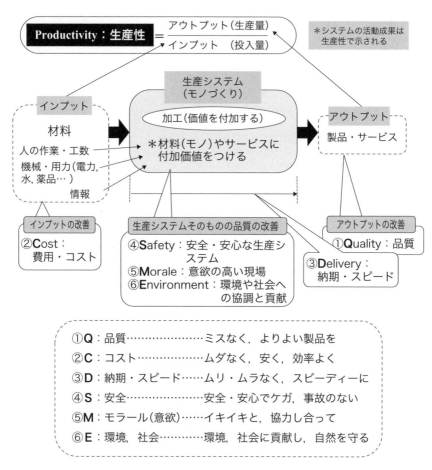

図1.2 生産性(P)とQCDSME

善は,主にモノづくりの現場で行うムダ取りである.現場でのムダ取りによる改善を少しずつでも継続し,効果を積み上げ,生産性の向上に寄与することが,社会を発展させる基礎となると考えて,日々の改善に取り組みたい.

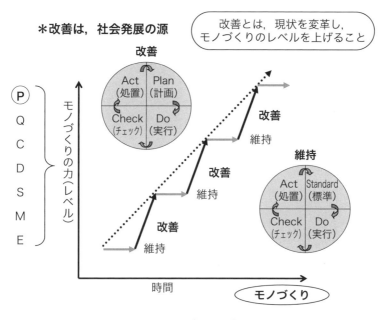

図 1.3　モノづくりの力

1.2　ムダとは何か

　現場で作業を見ると，一見，すべての作業が必要な作業に見える．作業者の動きや動作は製品の加工や組立に必要な作業に思える．しかしながら，一つひとつの動きや動作を見ると本当に必要な作業なのか疑問が出てくる．現場で必要な作業とは何か，それは製品に付加価値をつける作業(付加価値作業)である．

　図 1.4 は，ハンマーで製品に釘を打つ作業であるが，一見，すべての動きや動作は付加価値をつける作業に見える．しかし，細かく作業を見て行くと，ハンマーを振り上げ・振り下ろしている動作は，製品に変化(価値を付加する変化)を与えていない．製品を変化させているのはハンマーが釘に当るその時だけである．当るその時以外の動きや動作は，付

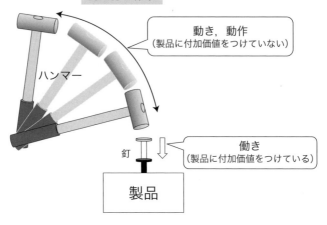

図 1.4 付加価値とは

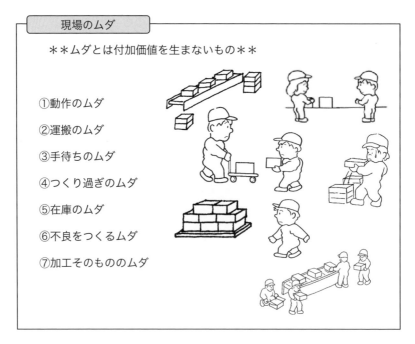

図 1.5 現場のムダ

加価値作業を行うための付帯的な作業，すなわち付加価値作業ではない動きや動作である．

さらに製品や釘を運んだり，釘やハンマーを準備したりする作業は当然，付加価値をつける作業ではない．ムダ取りによる改善では，製品に付加価値をつける作業以外のすべてのことを現場のムダとしてとらえる．現場のムダとは，現場の活動において付加価値を生まないものである（**図 1.5**）．モノの状態や人の動きにおいて，付加価値をつけていないものがムダである．例えば，作業の動作，運搬，人の手待ち，モノのつくり過ぎや在庫，不良のムダがあり，また，加工そのものの中にもムダがある．

1.3　7つのムダ

現場のムダ，すなわち付加価値を生まないもの，製品に付加価値をつけないことを7つに分類して考えてみる．

① 動作のムダ（移動する，探す，選ぶ，迷う，位置や向きを変える，付加価値をつけない動きのムダ）
② 運搬のムダ（搬送，運ぶムダ）
③ 手待ちのムダ（指示待ち，材料待ち，作業待ち，加工待ち，作業ばらつきによる待機のムダ）
④ つくり過ぎのムダ（過剰に作業を進める，過剰な仕掛りを動かす，過剰な仕掛りを管理するムダ）
⑤ 在庫のムダ（在庫の出し入れ，場所替え，移し替え，仮置き，並び替え，在庫管理作業のムダ）
⑥ 不良をつくるムダ（不良をつくる，不良を手直しするムダ）
⑦ 加工そのもののムダ（一見，付加価値をつけているような加工でも，製品の機能に無関係で不要な加工のムダ）がある．

これらのムダ一つひとつを詳細に考えてみる．

(1) 動作のムダ

付加価値をつけるために必要な動き以外は，不要な作業，すなわちムダである．作業の中で，この付加価値作業以外の動作を，ムダとして着眼する．

動作のムダでは，人の動きにおいて，加工を行っている働き(付加価値作業)か，改善の対象とする不要な動作(ムダ)かを見る．一つひとつの作業を見て，その動作は大きくないか，移動は多くないか，動作を小さくできないか，移動を少なくできないか，立ったり座ったりする動作がないか，振り向く・伸びる・縮むなどの無理な態勢や動きはないか，に着眼する．

また，作業性では，重い，硬い，やり難い，持ち替える，絡まる，見難い，わかり難い，合わせ難い作業や動作はないか，に着眼する．

(2) 運搬のムダ

運搬のムダは，材料や治工具，製品を運ぶ作業において，加工から次の加工へ，最短で最も効率よく運んでいるかに着眼する．さらに加工から次の加工の運搬時間や距離をもっと短縮できないかという課題(運搬ルート，頻度，運搬量など)を常に問いかける．なぜなら運搬自体は製品に付加価値をつける作業ではないからである．

運搬のムダの着眼を次に示す．

- 運搬は加工点から加工点へ運ばれているか．
- 加工点以外の場所に運ぶ場合，なぜここへ運ぶのか．運ぶ理由は何か．
- 運ぶ作業は効率よく行われているか(繰り返し作業か，動線が最短距離か)．

- 運ぶ作業は次工程の加工のサイクルタイムと同期しているか．

(3) 手待ちのムダ

　作業や工程の搬送のタイミングが合っていない状態や，作業や工程間に生産の変動（ばらつき）があると，仕掛りの滞留や作業の手待ちのムダが発生する．

　生産の変動はさまざまな要因で発生する．例えば，設備のトラブルや不良の発生，生産指示のばらつきや，作業それ自体の生産速度変動などである．作業者と作業者や，工程と工程の間に前後の作業をつなぐルールやしくみ，変動を吸収するための仕掛りがない場合，このような生産の変動によって，手待ちが発生する．手待ちをしている時間は生産のための資源が活用されずに停止する．また，設備操作を行う作業者については設備が加工している間，ただ監視をしているだけや加工が終わるのを待っているだけの時間もムダである．これらの生産の停止，作業の停滞が手待ちのムダである．

(4) つくり過ぎのムダ

　つくり過ぎのムダは，在庫のみを指すのではなく，人と人の連携作業を阻害する余分な仕掛り，停滞する製品など，すべてを指す．余分な仕掛りに付帯する作業の仕掛りの移動（仮置き，位置替え，積替え），管理（採番，保管，記録）には全く付加価値がない．いま生産に必要でない，余分な仕掛りをつくり出すことが，つくり過ぎのムダである．

　作業や工程をつなぐしくみがないと，それぞれの作業者や工程毎の設備の都合で作業を進めるため，それぞれの作業で手待ちを恐れて，自分の作業の前に仕掛りを溜めて，できるだけ手待ちしないように仕事を進めようとする．その結果，前後の作業が止まっても作業の間に溜まった仕掛りを作業することで，連携の悪さである手待ちのムダが表に現れず

に隠れてしまう．個々の工程に問題があってもライン全体はあたかも問題がないように稼働するので，それぞれの作業や作業者間の問題，悪さは，全体の問題としてとらえられなくなる．

また，工程毎に溜まった仕掛りを移動したり管理したりすることが仕事のように見えて，作業の中のムダを見つけにくくする．この必要(適正な量)以上に作業者間や工程間に溜まった仕掛り品こそがつくり過ぎのムダで，知らず知らずのうちに現場にはびこってしまう最も対処の難しいムダである．

つくり過ぎのムダは，個々の作業の問題(作業のばらつき，不良の発生や設備の不具合)を覆い隠すだけでなく，工程間に滞留して，それを動かしたり積み替えたりする作業の中のムダな動作，運搬(手待ちにならずに作業者が動くこと)があたかも仕事(付加価値のある働き)のように錯覚させる．このような状態では何が必要な作業(付加価値作業)か，本来，手待ちになるべきバランスの悪さなどの問題が見えなくなる．作業者間や工程間に少しでも不要と思われる仕掛りがあれば，なぜそこに仕掛りがあるのかに着眼し，必要でなければ，つくり過ぎのムダと見る．

(5) 在庫のムダ

基本的には，在庫は作業や工程のタイミングのズレ，生産能力や生産量のズレを補うためにモノを置くことによって発生する．必要なタイミングや能力，品種がすべて合っていれば，在庫は不要になる．この点から，作業と作業の間に在庫があれば，在庫のムダととらえて，どんなことがズレているのか，なぜズレるのかに着眼する．在庫を置くことで，在庫の運搬，移動，積み替えから，在庫管理のための事務作業など，多くの付加価値のない作業が発生する．タイミングのズレを少しでも改善することが在庫を削減し，ムダを減らす活動になる．

在庫のムダの改善は，工程間のタイミングを合わせるしくみづくり（同期するシステムづくり）である．

(6) 不良をつくるムダ

生産ラインの生産変動を引き起こし，次工程へのモノの流れを阻害する要因として，最も大きな問題は不良の発生である．何よりも，不良はそれまでの作業（モノに付加価値をつけたこと）をすべてムダにするだけでなく，お客様にまで流出してしまうと製品への信頼や企業の信用といった大切な企業価値を失う．不良の発生はさまざまな原因が考えられる．人，設備，作業方法，材料，製品構造など，多くの原因から発生する．不良のムダをなくすためには，発生した原因を追究し，再発防止の対策をすることが重要である．

(7) 加工そのもののムダ

現場のモノづくりでは，生産設備技術や製品加工プロセス技術のレベルアップも重要である．要求される機能を達成するために，過剰な加工や構造，構成になっていないかを常に問いかけ，加工そのものの中にムダがないかをチェックしなければならない．

1.4 ムダ取りの3つのポイント

現場でムダ取りを行う際に，7つのムダは，ムダ取りの3つのポイントにまとめると着眼しやすく，改善しやすくなる．

【ムダ取りの3つのポイント】
① 「作業のムダ取り」
② 「作業者間のムダ取り」
③ 「つくり方のムダ取り」

表 1.1　7 つのムダとムダ取りの 3 つのポイント

7つのムダ	ムダ取りの3つのポイント
①動作のムダ	1. 作業のムダ取り
②運搬のムダ	
③手待ちのムダ	2. 作業者間のムダ取り
④つくり過ぎのムダ	
⑤在庫のムダ	
⑥不良をつくるムダ	3. つくり方のムダ取り
⑦加工そのもののムダ	

7つのムダとムダ取りの3つのポイントは表1.1のように関連する．
① 「作業のムダ取り」とは，一人ひとり，一つひとつの作業の中に潜むムダに着眼する．
② 「作業者間のムダ取り」とは，作業者と作業者(工程と工程)の間に潜むムダに着眼する．
③ 「つくり方のムダ取り」とは，つくり方，作業方法や加工の中のムダに着眼する．

(1)　作業(動作・運搬)のムダ取り

作業のムダ取りの着眼点を，図1.6に示す．

作業のムダ取りの着眼点は，7つのムダの中で主に，動作と運搬のムダが対象になる．個々の作業における付加価値をつけない動作や運搬などのムダに着眼する．ムダ取りによる改善の目標は，付加価値をつける必要な作業をいかに効率よく連続して行うかである．作業はできるだけ作業者の動きや，モノの位置の移動を少なく，小さい動きにして，加工や組立などの付加価値作業をつなげる．

作業のムダ取りの着眼は，どの作業がモノに付加価値をつける作業か

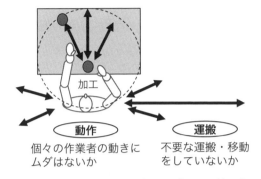

図 1.6　作業(動作・運搬)のムダ取りの着眼点

を見極めることに尽きる．単なるモノの位置の移動や回転，モノを手で保持するだけの状態をムダとしてとらえることができるか，一つひとつの動きについて付加価値をつけている働きかを見極める目が必要である．付加価値作業をつなぐ動線や動き(モノの流れ)から外れる動線や動きに着眼する．付加価値作業をつなぐ運搬や人の移動をできる限り少なく小さくする．

(2) 作業者間(手待ち・つくり過ぎ・在庫)のムダ取り

　作業者間(手待ち・つくり過ぎ・在庫)のムダ取りの着眼点を，図 1.7 に示す．

　作業者間のムダ取りの着眼は，7つのムダの中で主に，手待ち・つくり過ぎ・在庫のムダが対象になる．作業者と作業者(工程と工程)の間に発生するムダが着眼の対象である．作業者と作業者の間には，タイミングや情報伝達の不具合から手待ちやつくり過ぎた仕掛りが滞留する．作業者間や工程間を連携させる意識がない，あるいは作業の手待ちを恐れて，作業者間に仕掛りや在庫を溜めて生産，作業を行おうとする．この間に溜まった過剰な仕掛りや在庫に対して発生する移動や運搬，管理作業はすべて付加価値のない作業で，ムダである．

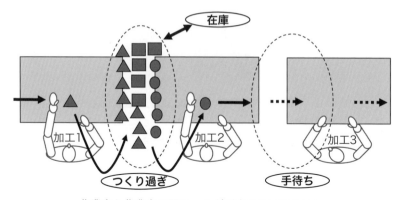

作業者と作業者の間に，ムダが生まれていないか

図1.7 作業者間(手待ち・つくり過ぎ・在庫)のムダ取りの着眼点

　作業者間や工程間の仕掛りや在庫が多ければ多いほど，各作業の連携は薄れていく．それぞれの作業者は自分の都合で作業を行い，各作業の間の在庫量は増えたり減ったり変動を繰り返し，変動する在庫を移動させたり積み直したり，在庫の情報を管理したりするムダが，あたかも仕事のように現場にはびこっていく．ムダ取りの着眼は，この手待ちや仕掛り，在庫に着眼する．

(3) つくり方(不良・加工)のムダ取り

　モノのつくり方に起因するムダ取りである．つくり方のムダ取りの着眼では，7つのムダの中で主に，不良と加工の中に潜むムダに着眼する．具体的には，① 設備や作業の不具合などで発生する不良のムダや，② 加工や組立の作業の中に潜む，製品の機能には寄与しない(付加価値をつけない)作業や加工のムダに着眼する．

第2章

ムダはこうして見つける

現場でムダを見つけるために最も重要なことは，現場に立ってじっと作業や状態を見ることに尽きる．まず現場に立って作業をよく見て，ムダに気づかなければならない．一つのムダに気づくと，作業の中に潜む同様のムダにどんどんと気づくことができる．現場を見続けると，作業の中に少しずつ7つのムダの一つひとつが見えてくる．

さらに見えたムダを客観的にデータで明らかにするためには，いくつかの分析手法が有用である．現場に立ってじっとムダを見ながら，同時に分析を行うことで，見えたムダをデータで把握でき，ムダ取りによる改善の有効な対策に結びつけることができる．

2.1 作業のムダを見つける方法(ビデオ分析による作業分析)

作業のムダでは，動作と運搬のムダを見る．現場に立って作業や状態を見ながら，作業の中に，どのようなムダがどれ程あるかを，データでとらえる．さらにそれらのムダがなぜ発生するのか原因を追究する．

作業のムダの着眼は，一人ひとりの作業をじっと見て，作業の中の一つひとつのムダを洗い出す．作業を要素の小さな動作の単位に分けて，それぞれの動作が付加価値をつける働きか，ムダな動作や運搬かを見分ける．すなわち付加価値作業を絞り込み，それ以外の動作と運搬をムダとして着眼する．ここでは，「ビデオ分析」による作業分析の方法について解説する．

2.1.1 ビデオ分析の手順

(1) 作業を見ながら，ビデオカメラをセッティングする

- 現場で対象とする作業を見ながら，傍らにスタンドなどでビデオカメラを撮影ポジションにセットする．
- 作業を記録するビデオは，録画できる時間が長く(できれば1時間

以上），作業者の移動に対応しやすい（コンパクトな）ものがよい．
- 撮影後，画像を再生しながらExcelなどのシートでデータをまとめることを考慮すると，画像もパソコンで再生できるものが扱いやすい．再生時間（秒のカウンター）表示がわかりやすく，再生速度が可変できるものがよい．

(2) 作業の細部を撮影する

作業の詳細をとらえ，作業者の手元や加工の細部がわかるようにカメラを設置する（作業者の作業の邪魔にならないよう設置する）．作業者の真正面などの設置は避けて，作業者の後方や肩越しなど，作業者の視界から外れるよう，設置場所を配慮する（**図 2.1**）．

(3) 撮影と同時にムダに着眼する

撮影データのビデオ分析だけに頼るのではなく，撮影しながら，同時に作業をよく見て，どこの，何がムダかを観察し，気づいたムダをメモする．

図 2.1　ビデオカメラの設置位置

(4) 撮影データをビデオ分析する

ビデオ分析では，図 2.2 のように，Excel などの分析シートを用意して，以下のステップで進める．撮影画像データを再生しながら，撮影時に気づいたムダな要素作業を抜き出していく．

【撮影データのビデオ分析の手順】

① 作業を要素作業に分解する

ビデオを見ながら，図 2.2 のように要素作業(作業内容)を書き出す．要素作業に分けるのは付加価値作業とムダを見分けるためである．何が付加価値作業か，どの要素がムダかを仕分けられるよう作業を分解する．

② それぞれの要素作業の時間を計測する

分解した要素作業毎に作業が切り替わる時刻をビデオのカウンターより記録する．ビデオカウンターの時間から，それぞれの要素作業時間を算出する．

③ それぞれの要素作業を付加価値作業とムダに仕分け，分析する．

要素作業毎に付加価値作業か，ムダか(動作，運搬，手待ち，その他のムダなど)に仕分ける．作業分析の時間は，作業に繰り返しやサイクルがある場合は，繰り返しのばらつきを考慮して3〜10サイクル程度を目安にする．繰り返しのない作業では，主要な要素作業が数サイクル確認できるよう分析(撮影)時間を決める．

分析によって明らかになったムダをムダの項目毎に仕分けて，どのようなムダが多いかを図表にまとめる．

(5) なぜ，ムダが発生するのか，原因を探る

ビデオ分析によってデータで明らかになったムダに対して，それぞれのムダがなぜ発生するのか，原因を追究する．

ビデオ分析でのポイントを次に示す．

【ビデオ分析のポイント】

① まず「作業のムダ取り」として，一人ひとりの作業者，一つひとつの作業の中の動作や運搬のムダに着眼する．

- 作業動線は適切(手順に沿って最短に作業置場が配置されている)か．
- モノ(部品，治工具)の置場は適切(取りやすさ，最短距離，置き方，置く方向)か，わかりやすく表示されているか．
- 作業に決められた作業手順があるか(不要な移動，運搬はないか)．
- イレギュラーな作業(設備のチョコ停，不具合や不良の発生への対処など)はないか．

② 次に，「作業者間のムダ取り」として，作業者の間に潜む，手待ちやつくり過ぎ，在庫のムダに着眼する．

- 作業が繰り返しになっているか，繰り返しの手順や方法は標準化され，守られているか．
- 複数の作業者がかかわる場合は，作業者間の作業のサイクルタイムは合っているか，サイクルタイムの変動を吸収するしくみはあるか，機能しているか．
- 作業者間に作業の助け合いをするしくみや仕掛けはあるか．

> 「サイクルタイム」(CT：cycle time)とは，繰り返し作業における繰り返し(1サイクル)の所要時間である．

2.1.2 ビデオ分析による作業分析(作業組合せ表)

ビデオ分析を応用し「作業組合せ表」を活用することで，人や設備などの複数の作業の組合せを分析することができる．

①撮影後，ビデオを分析しながら，要素作業（作業内容）に分ける

②要素作業の時間を計測する

20××年12月20日, 8：4〜17：20, 測定　作業者：藤宮

要素No	作業サイクル	要素作業	ビデオカウンター 時計(分)	ビデオカウンター 時計(秒)	要素作業時間 要素(秒)	要素作業時間 要素(分)	要素作業時間(累計) 累計(秒)	要素作業時間(累計) 累計(分)	付加価値作業 加工組立	付加価値作業 検査	付帯作業 材料治具段取り	付帯作業 帳票記入	無付加価値 動作	無付加価値 運搬	無付加価値 移動
0		作業開始	1	56	0	0.0	0	0.0							
1		トレーから製品を取り出す	2	8	12	0.2	12	0.2					12		
2		次のトレーをセットする	2	13	5	0.1	17	0.3					5		
3		製品を広げる	2	29	16	0.3	21	0.4					16		
4		ロット番号を確認し記入	2	50	21	0.4	37	0.6				21			
5	1サイクル	部品を組み込む	3	58	68	1.1	89	1.5	68						
6		照合する	4	52	54	0.9	122	2.0		54					
7		帳票にデータを記入	5	51	59	1.0	113	1.9				59			
8		製品を運搬する	6	6	15	0.3	74	1.2						15	
9		次の製品の番号を確認する	6	11	5	0.1	20	0.3		5					
10		治具を取り換える	6	56	45	0.8	50	0.8			45				
11		取出し位置に戻る	7	2	6	0.1	51	0.9							6
12		手待ち	7	8	6	0.1	12	0.2							
13		トレーから製品を取り出す	7	21	13	0.2	19	0.3					13		
14		次のトレーをセットする	7	27	6	0.1	19	0.3					6		
15		製品を広げる	7	43	16	0.3	22	0.4					16		
16		ロット番号を確認し記入	8	5	22	0.4	38	0.6				22			
17	2サイクル	部品を組み込む	9	10	65	1.1	87	1.5	65						
18		照合する	10	11	61	1.0	126	2.1		61					
19		帳票にデータを記入	11	14	63	1.1	124	2.1				63			
20		製品を運搬する	11	32	18	0.3	81	1.4						18	
21		次の製品の番号を確認する	11	38	6	0.1	24	0.4		6					
22		治具を取り換える	12	21	43	0.7	49	0.8			43				
23		取出し位置に戻る	12	29	8	0.1	51	0.9							8
51		帳票をポストに戻す	55	40	15	0.3	3232	53.9						15	
52		治具を棚に戻す	56	3	23	0.4	3247	54.1						23	
		小計				秒	3247		665	630	440	825	215	290	70
						分		54.1	11.1	10.5	7.3	13.8	3.6	4.8	1.2
						%			20%	19%	14%	25%	7%	11%	2%

図2.2　「ビ

2.1 作業のムダを見つける方法(ビデオ分析による作業分析)

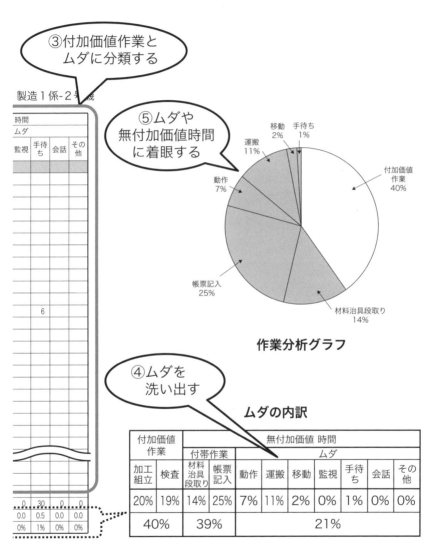

作業分析グラフ

ムダの内訳

付加価値作業	無付加価値 時間								
	付帯作業		ムダ						
加工組立	検査	材料治具段取り	帳票記入	動作	運搬	移動	監視	手待ち	会話	その他
20%	19%	14%	25%	7%	11%	2%	0%	1%	0%	0%
40%		39%		21%						

③付加価値作業とムダに分類する

⑤ムダや無付加価値時間に着眼する

④ムダを洗い出す

「**作業組合せ表**」とは，人と人や，人と設備の稼働がどのように関連しているか，各作業の流れが時間の経過でどのようにつながっているかをタイミングチャート化(時間の経過に沿って各作業の関連を明示)して分析する方法である．

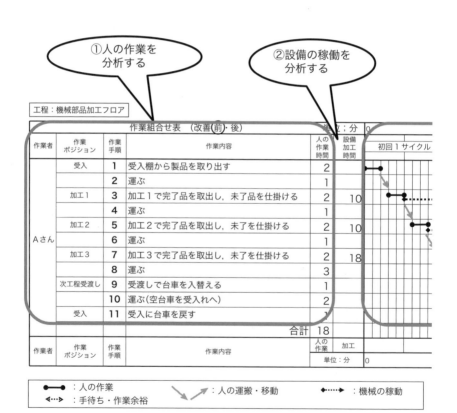

図 2.3　「作業組

(1) 人と設備の関連を分析する

ビデオ分析による作業分析を応用して、人と設備の関連を分析することができる。図2.3に、人と設備の「作業組合せ表」を示す。

人と設備の「作業組合せ表」は、人の作業と設備の稼働がどのように関連しているかを分析するシートである。人が設備の稼働をどのように行い、設備の稼働中にどのように作業を行うか、人の作業効率（人の手待ち）や設備の稼働状況（停止時間）などのムダを分析する。

人と設備の「作業組合せ表」の作成手順を次に示す。

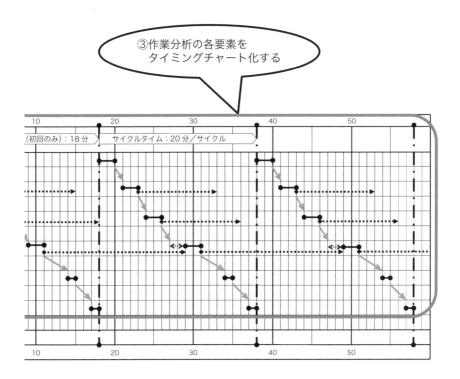

合せ表」（人と設備）

【人と設備の関連を分析する作業組合せ表の作成手順】
① 人の作業を中心に作業分析する
② 人の作業分析とともに，設備の開始，停止などの稼働状況を分析する
③ 人の作業と設備の稼働の関連をタイミングチャートにまとめる
④ 人の手待ち，ボトルネック設備の停止時間などのムダを洗い出す

(2) 複数の作業者の関連(連携)を分析する

ビデオ分析による作業分析を応用して，複数の作業者の連携の程度を分析することができる．図2.4に，人と人の「作業組合せ表」を示す．

人と人の「作業組合せ表」は，複数の作業者の作業がどのように関連しているか，作業の連携の状態を分析するシートである．複数の作業者が連携する作業において，作業者間のムダ(手待ち，つくり過ぎなど)がないかを洗い出す．

人と人との「作業組合せ表」の作成手順を次に示す．

【人と人の連携を分析する作業組合せ表の作成手順】
① 作業者毎にビデオ分析により作業分析する
② それぞれの作業者の作業を一つのタイミングチャートにまとめる
③ 作業者間の問題(ムダ)を洗い出す

2.2 作業者間のムダを見つける方法(流れ分析)

前項2.1.2で解説したビデオ分析を応用した「作業組合せ表」では，作業者間や作業者と設備の間の手待ちのムダなどを分析することができるが，さらに工程間のムダ(手待ち，つくり過ぎ，在庫のムダ)も含めた連携の悪さを分析するのに有効な方法が，「流れ分析」である．

> **「流れ分析」**とは，現場でモノや人，情報などの流れを追いかけて，作業者や工程間のムダを洗い出す方法である．これには，
> ① 「モノの流れ分析」：モノの流れを中心に分析する方法
> ② 「モノと情報の流れ分析」：複数の工程におよぶ広い範囲のモノの流れと情報の流れを分析する方法
>
> がある．

「流れ分析」では，対象とする流れの範囲に合せて，次のような図表を活用する．

① モノの流れを分析する(「動線図」と「流れ分析チャート」を活用する)

一つの作業フロアなど，簡単な工程の流れや比較的小規模の作業エリアの動作，運搬，つくり過ぎ，手待ちなどのムダを洗い出す．

② モノと情報の流れを分析する(「モノと情報の流れ図」を活用する)

モノの流れの分析だけではとらえられない生産ラインの全体や工場全体のムダを洗い出す．

2.2.1 モノの流れ分析(動線図と流れ分析チャート)

> **「モノの流れ分析」**とは，流れに沿ってモノの動きを追いかけながら工程の作業内容(要素)を確認し，また，要素間の運搬・移動，およびモノの停滞・在庫を分析する方法である．

「モノの流れ分析」の例として，図2.5のような現場を考える．工程が6工程で，作業者3名が作業する現場である．一見して，動作のム

工程：機械部品加工フロア

作業組合せ表(改善(前)・後)　単位；秒

作業者	作業ポジション	作業手順	作業内容	人の作業時間	設備加工時間
Aさん	取出し位置	1	Bさんと製品トレーより製品を取り出す(テーブル上へ)	4	
		2	次の製品トレーをセットする	3	
	作業台	3	Bさんと製品を作業台に広げる	8	
		4	ロット番号をチェックし、台帳に記入する	9	
		5	コネクタを組み立てる	24	
		6	チェックしチェックシートに記入する	3	
	梱包位置	7	Bさんと梱包位置に製品を運搬する	6	
		8	Bさんと次のロット番号を確認する	4	
	取出し位置	9	取出し位置に戻る	3	
				64	
Bさん	取出し位置	1	Aさんと製品トレーより製品を取り出す(テーブル上へ)	4	
		2	製品トレーを取出し位置に運ぶ	3	
	作業台	3	Aさんと製品を作業台に広げる	8	
		4	サブユニットを組み立てる	15	
		5	副資材を取り付ける	16	
		6	製品を折りたたむ	5	
	梱包位置	7	Aさんと梱包位置に製品を運搬する	6	
		8	Aさんと次のロット番号を確認する	4	
	取出し位置	9	取出し位置に戻る	3	
				64	
Cさん	梱包位置	1	製品のロット番号を確認する	3	
		2	製品を梱包箱に収納する	15	
		3	マニュアルを収納する	5	
		4	梱包箱を閉じる	5	
		5	テープを巻く	9	
	搬送コンベア	6	箱番号を照合する	8	
		7	箱を流す	3	
		8	次の空箱をセットする	3	
		9	(手待ち)	(13)	
			合計	51	

作業者	作業ポジション	作業手順	作業内容	人の作業	加工
				単位：分	

●—● ：人の作業　　　⇒ ：人の運搬・移動　　　◆……◆ ：機械の稼動
◀----▶ ：手待ち・作業余裕

図2.4　「作業組

2.2 作業者間のムダを見つける方法（流れ分析）

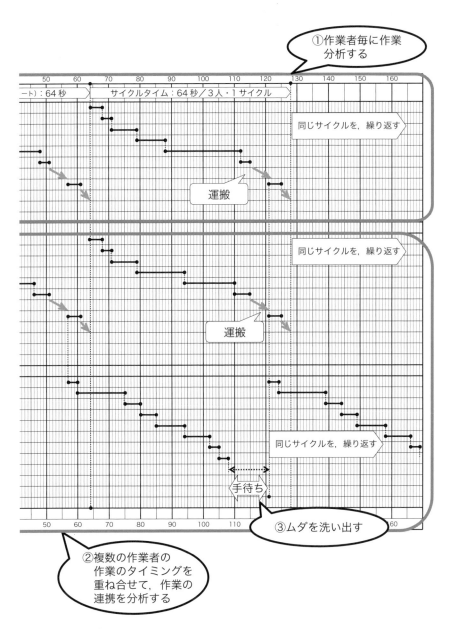

「合せ表」（人と人）

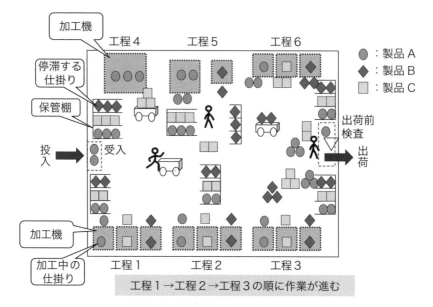

図2.5 モノの流れのモデル現場

ダのほか，運搬や手待ち，つくり過ぎのムダが見られる．動作のムダはビデオ分析などで人の作業を分析する．作業者間や工程間のムダは「モノの流れ分析」で分析する．

「モノの流れ分析」の手順を次に示す．

【モノの流れ分析の手順】
① 現地・現物で全体の配置をつかみ，モノの「動線図」によりモノの流れを追いかける
  1) 現場のレイアウトを図に書きながら，モノの流れを書き込む．
  2) モノの流れの要素を加工・停滞・運搬などに分類しながら，要素毎の距離，仕掛り個数のデータを確認する．
② 要素毎のデータを「流れ分析チャート」で集計して，要素間の停滞や運搬などのムダを洗い出す

2.2 作業者間のムダを見つける方法（流れ分析）　31

「動線図」の作成方法を示す．

> **「動線図」**とは，現地・現物でモノの流れや人の動きを追いかけながら，加工・作業の間の移動や運搬の距離，及びその間のモノの停滞などを分析する方法である．

図2.5の現場において，「動線図」により分析した事例を**図2.6**に示す．

【動線図の作成手順】

① 全体のレイアウト図を書く

分析の対象となるエリアの大まかなモノの流れを確認しながら全体のレイアウト図を作成する．

② モノの流れの要素を書き込む

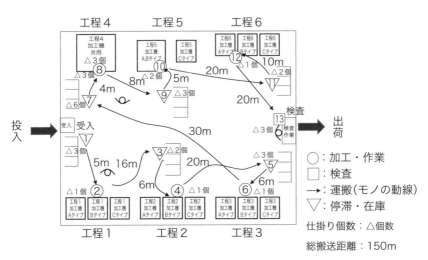

モノ流れの「動線図」（作業要素と仕掛り数／1タイプの製品の流れを示す）

図2.6　モノの「動線図」

モノの流れの要素(作業要素)を，次の4つに分類する
- ○：加工・作業
- □：検査
- →：運搬(作業要素の始点と終点を→で結ぶ)
- ▽：停滞・在庫

③ レイアウト図に要素の記号(○□▽)，及び工程・流れ順序を書き込む．また，その間の運搬を→で始点と終点を結ぶ

図2.6の事例の場合，モノの流れを追いかけると，投入したモノが棚に置かれて停滞(▽)している．次に工程1に運ばれて加工(○)されて，次の加工工程の前の棚に置かれ停滞(▽)している．それぞれの作業要素の記号の中に，モノの流れに沿って工程の順番を▽①，②，▽③のように記号の中に書き込む．

④ 各要素で停滞している仕掛り数，及び各要素間の運搬距離を確認する

各工程や停滞・在庫の仕掛りを数えて各作業要素の横に書き込む．また，各作業要素間の運搬について，→で運搬の始点と終点を結び，その間の運搬距離を書き込む．図2.6の事例では，受入後の棚に仕掛り：3個停滞(△3個)がある．次に工程1に運搬するので，▽と②を→で結び，その間の運搬距離：5mを書き込む．

次に，「流れ分析チャート」の作成方法について示す．

「流れ分析チャート」とは，モノの流れ(「動線図」のモノの動線と停滞量)や人の作業(作業要素時間)を一覧表にまとめたもので，加工や検査の作業時間や動作・運搬の距離(または時間)を分析し，ムダをデータでとらえるものである．

図2.5の現場において「流れ分析チャート」を作成した事例を，図2.7に示す．

【流れ分析チャートの作成手順】
① 「動線図」の工程，作業，運搬を確認しながら，工程順序，運搬のナンバーをつけ，要素記号を選択して○をつける．
② 各要素作業の内容を書き込み，作業運搬単位，作業時間，運搬距離(または運搬時間)，在庫量(仕掛り個数，停滞時間)を分析する．
③ データを集計し，ムダとして全体の運搬距離(運搬時間)，在庫量(停滞時間)を洗い出す．

2.2.2　モノと情報の流れ分析(モノと情報の流れ図)

「動線図」や「流れ分析チャート」により明らかになった運搬や在庫のムダについて，さらにムダの原因追究のために，情報の流れを加えて全体の流れ(関連)を分析する方法として，「モノと情報の流れ図」がある．

> **「モノと情報の流れ図」**とは，ライン全体や工場全体のモノの流れと，モノの流れに関連する情報の流れを分析し，全体の流れの問題(ムダ)を洗い出す方法である．

「モノと情報の流れ分析」の手順を次に示す．

【モノと情報の流れ分析の手順】
① 対象とする現場の範囲を決める
② それぞれの部門から対象範囲のモノの流れ，情報の流れを熟知したメンバーを集めて，分析チームをつくる
③ モノの流れを現地・現物で確認する(「動線図」，「流れ分析チャート」を活用して，「モノの流れ分析」を行う)
④ モノの流れに関連する情報の流れを現地・現物で確認する

対象作業：後工程加工　　分析日時：20××年5月2日 13:00～17:00　　NO. NK-1905022
対象現場：後工程加工フロア　分析者：一色　雄太　　　　　　　　　　（改善 前 ・後）
対象機種：Aタイプ

工程順序 No	移動 運搬	作業 検査 運搬 停滞 要素記号	作業内容	作業・運搬 単位 数量(個)	作業時間 機械加工 時間(分)	作業時間 人作業 時間(分)	人検査 時間(分)	運搬・移動 距離(m)	運搬・移動 運搬時間(秒)	在庫・停滞 仕掛り 数量(個)	在庫・停滞 仕掛り 停滞時間(分)	備考
1		○□▽	受入れた仕掛りを工程1前置場に保管	1						3	30	
2		○□▽	工程1に運ぶ					5		1	10	
2		○□▽	工程1加工に仕掛ける	1	10	2						
2		○□▽	工程1加工	1								
3		○□▽	工程2前置場に運ぶ					16		2	20	
3		○□▽	工程2前置場に保管	1								
4		○□▽	工程2に運ぶ					6		1	10	
4		○□▽	工程2加工に仕掛ける	1	10	2						
4		○□▽	工程2加工	1								
5		○□▽	工程3前置場に運ぶ					20		2	20	
5		○□▽	工程3前置場に保管	1								
6		○□▽	工程3に運ぶ					6		1	10	
6		○□▽	工程3加工に仕掛ける	1	10	2						
6		○□▽	工程3加工	1								
7		○□▽	工程4前置場に運ぶ	3				30		3	30	
7		○□▽	工程4前置場に保管									
8		○□▽	工程4に運ぶ	3		5		4		3	15	
8		○□▽	工程4加工に仕掛ける	3	10							
8		○□▽	工程4加工									
9		○□▽	工程5前置場に運ぶ	2				8		3	30	
9		○□▽	工程5前置場に保管									
10		○□▽	工程5に運ぶ	2		3		5		2	20	
10		○□▽	工程5加工に仕掛ける	2	10							
10		○□▽	工程5加工									
11		○□▽	工程6前置場に運ぶ	3				20		2	20	
11		○□▽	工程6前置場に保管									
12		○□▽	工程6に運ぶ	1		2		10		1	10	
12		○□▽	工程6加工に仕掛ける	1	10							
12		○□▽	工程6加工									
13		○□▽	検査に運ぶ	1			10	20		3	30	
13		○□▽	検査工程									
合計					60	16	10	150		27	255	

図2.7　「流れ分析チャート」

⑤ メンバー全員で,現場で確認したモノと情報の流れを1枚の「モノと情報の流れ図」にまとめる
⑥ メンバー全員で,「モノと情報の流れ図」で流れの現状を確認しながら,どこに問題や課題があるかを洗い出し,全体の問題,ムダの原因を明らかにする

次に,「モノと情報の流れ図」の作成手順を示す.

【モノと情報の流れ図の作成手順】
① 1枚の紙にモノの流れを加工・作業の工程の進行に沿って左から右へ書く

作成例として,図2.6の「動線図」の事例のモノの流れを書くと,**図2.8**のようになる(後工程部分).このように,左から右へ工程の進行に

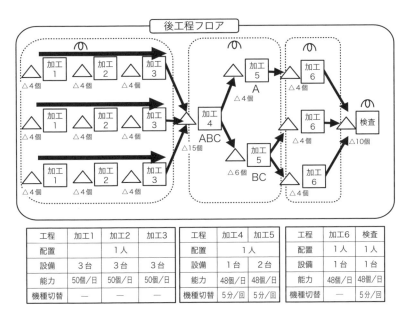

図2.8 「モノと情報の流れ図」のモノの流れの後工程部分

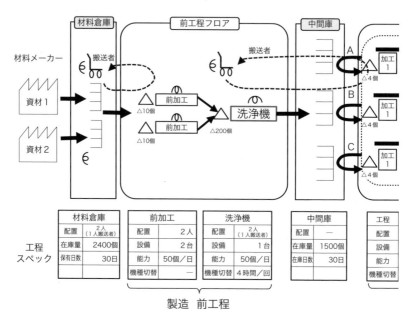

図 2.9 「モノと情報の流

沿ってモノの流れを書く．モノの流れを書きながら，さらに各工程の生産データ，スペックを書き込んでいく．

対象範囲を広げて，工場の材料から出荷までとした場合のモノの流れでは，**図 2.9** のようになる．

② モノの流れの上側に，情報の流れを書く

モノの流れを書いた後，モノの流れの上側に情報の流れを書く．**図 2.10** のように，モノの流れにおいては，必ずモノの流れを進めたり止めたりする生産管理情報の指示伝達(流れ)がある．お客様のオーダーから，材料手配や生産指示情報などの情報の流れを書き込む(**図 2.11** の上部)．

③ 生産リードタイム(LT)と加工時間をつかむ

仕掛りの在庫・停滞量から生産の実績所要時間を累計して，全体の生

2.2 作業者間のムダを見つける方法(流れ分析)

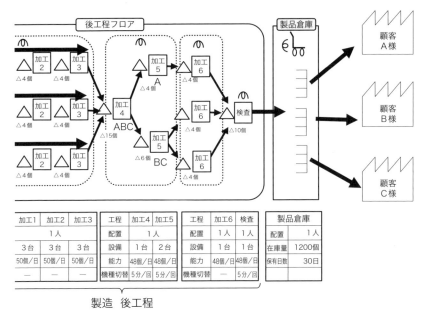

れ図」のモノの流れの全体

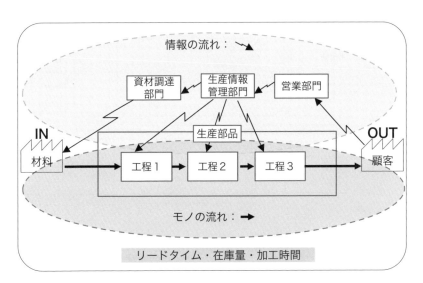

図2.10 「モノと情報の流れ図」に情報の流れを書く

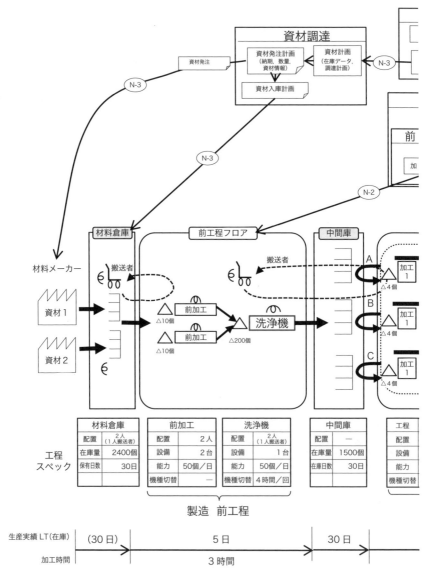

図2.11 「モノと情

2.2 作業者間のムダを見つける方法(流れ分析)　39

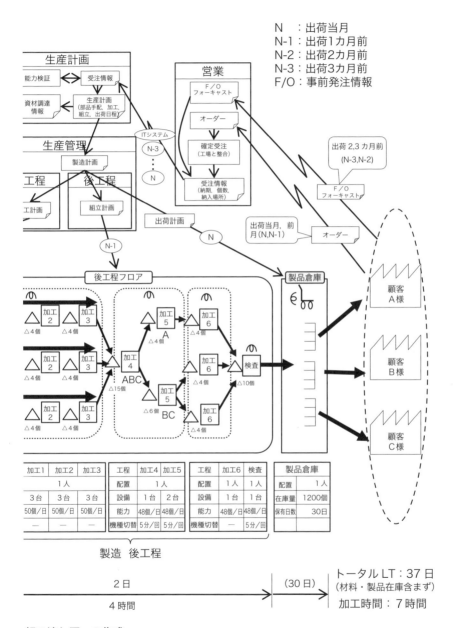

「報の流れ図」の作成

産リードタイム，及び加工時間を算出する．算出したLTを「モノと情報の流れ図」の下側に書き込む(図2.11の下部)．

> **「リードタイム」**(LT：lead time)とは，生産・流通・開発などの現場で，最初の工程に着手してから，最終の工程が完了するまでの所要時間(日数)である．一般的には，発注から納入まで，生産では製造指示が出てから製品が完成するまでの日数である．

④ 問題(ムダの原因)を分析する

メンバー全員で，「モノと情報の流れ図」で流れを確認しながら，問題，ムダ，およびムダの原因を分析する．分析結果(問題の抽出)を書き込んだ「モノと情報の流れ図」の作成例を，**図2.12**に示す．分析により明らかになったそれぞれの問題を改善テーマとして取り組む．

図2.12の「モノと情報の流れ図」の作成例では，
- 問題1：中間庫に滞留したつくり過ぎのムダ
- 問題2：中間庫のつくり過ぎのムダを生む原因と考えられる，生産管理の生産計画の立て方
- 問題3：現場の問題として，動作・運搬・手待ちのムダ
- 問題4：現場の問題として，停滞するつくり過ぎのムダ

の4つの問題が挙げられた．これらが今後の改善テーマとなる．

「モノと情報の流れ図」は，現場の状況をつかみ，問題を明らかにするために，できるだけ自由にモノの流れを表せばよいが，メンバー全員が理解しやすいように，図を書くためのルールを次にまとめる．

【モノと情報の流れ図の作成ルール】
① 図1枚にまとめる(できるだけ大きな紙に書く)
② モノの流れは，工程・作業の進行に従って左から右へ書く
③ モノの流れを下側に，情報の流れを上側に書く

④ モノの流れの下側に，生産データ，及び生産リードタイムを書く

参考までに，一般的によく使われる流れの要素や方法・ルールを表す記号を，**図 2.13**(p.44)に示す．これらはあくまでも参考と考えて，図を書きながら自由に記号を追加・変更するとよい．

2.3 つくり方のムダを分析する方法(なぜなぜ分析)

2.3.1 なぜなぜ分析とは

不良の発生やトラブルに対して再発防止の対策を打っても，それが真の原因に対する対策でなければ，再発してしまう．再発不良を出してしまうと，多大なロスコストが発生するだけではなく，大切な顧客の信頼を失うことになる．

再発防止のためには，真の原因の究明が不可欠である．そのためには，「なぜなぜ分析」が有効である．

> **「なぜなぜ分析」**とは，発生した事象に対して「なぜ？なぜ？…」と繰り返して原因を追究し，事実に照らして真の原因を突きとめる方法である．
>
> "なぜ"を繰り返しながら，問題を引き起こしている事象の原因を，思いつきではなく，論理的に漏れなく出しながら，ねらいとする真の原因を導き出す方法である．

2.3.2 なぜなぜ分析の進め方

まず"不良やトラブル現象の発生するメカニズム"を推定し，そのメカニズムの問題に対して，系統的に"なぜ，なぜ"と掘り下げていき真因を求める．真の原因を追究することが重要である．

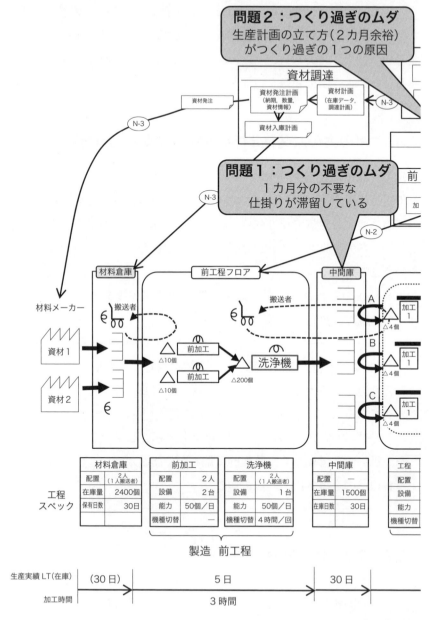

図2.12 「モノと情報の流

2.3 つくり方のムダを分析する方法（なぜなぜ分析）

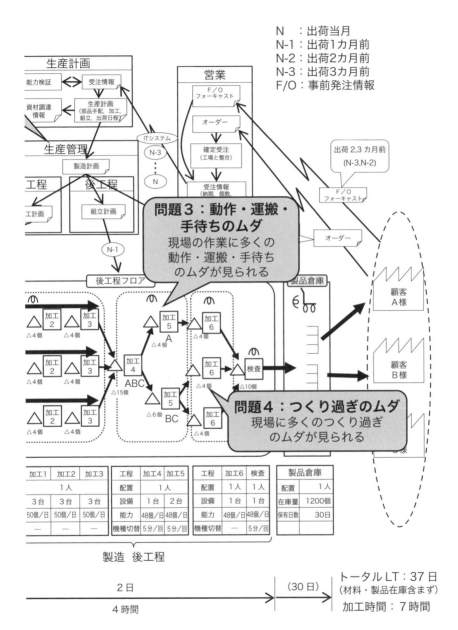

「れ図」の作成（問題の抽出）

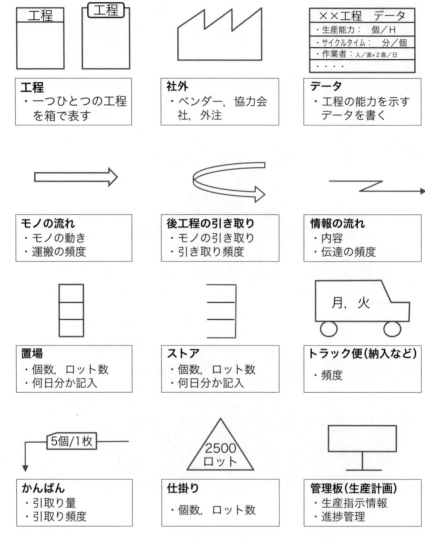

図 2.13 「モノと情報の流れ図」でよく使われる記号

2.3 つくり方のムダを分析する方法(なぜなぜ分析) 45

「なぜなぜ分析」は，次の手順で行う．

【なぜなぜ分析の手順】
【ステップ1】 現状把握

三現主義で問題発生の現状を把握する．図 2.14 に示すように，三現主義で不良，トラブルの発生状況を現場で確認する．また，図 2.15 に示すように，過去からの推移，及び号機や品種毎の発生の違いなどを層別し，問題発生の現状をデータでとらえる．

【ステップ2】 分 析

① 問題の発生箇所を特定する

不良，トラブルが発生した発生箇所を特定する．発生箇所とは，不良を発見した作業や検査工程ではなく，発見箇所の前工程(モノの流れの源流)の作業や設備の問題が発生している箇所を特定しなければならない．発生箇所がなかなか特定できない場合は，問題の発見箇所からモノの流れをさかのぼり，製品が通る経路や作業を注意深く観察して発生箇所の特定に力を尽くす．

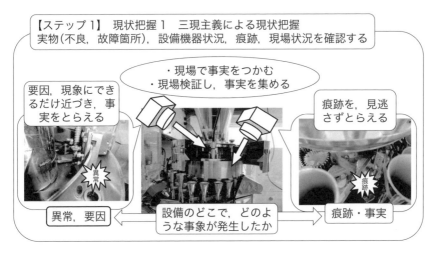

図 2.14 三現主義による現状把握のポイント

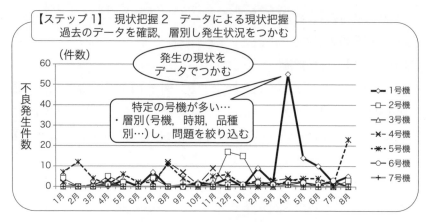

図 2.15　データによる現状把握のポイント

② 不良，トラブルの発生メカニズムを究明する

　問題を整理し，現地・現物・現実の三現主義で事実をしっかりつかむ．現場で得られた事実やデータを基に，考えられる問題発生のメカニズムを図に書く．メカニズムの図では，考えられる要因と問題発生のそれぞれの関連がわかるように書く（図 2.16）．

③ 原因を追究する

　図 2.17 に示すように，メカニズムを基に，原因を仮説検証しながら問題発生の真の原因を追究する．原因追究のポイントは次の通りである．

【原因追究のポイント】

1) メカニズムの究明で問題の発生箇所を絞り込み，発生箇所から追究をスタートする．
2) 絞り込んだ発生箇所で発生する要因を漏れなく洗い出す．
3) なぜ1からなぜ2と因果関係でつないでいく．
   - 因果関係は，逆（高次原因）から読み返して論理がつながっているか確認する．
4) 要因の洗い出しと因果関係の究明（仮説検証）を繰り返し，真因

2.3 つくり方のムダを分析する方法(なぜなぜ分析)　47

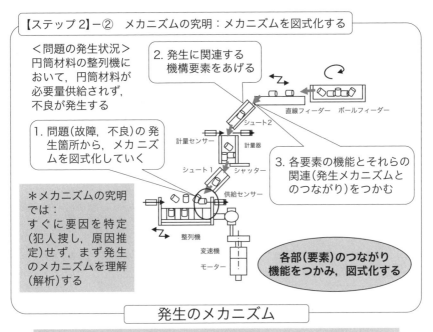

図2.16　不良，トラブルの発生メカニズムの究明

に至るまで掘り下げる．

5) なぜ1からなぜ2と洗い出した各要因について三現主義で検証し，問題や異常がない場合は「OK」としてその要因についてはそこで追究を打切る．

6) 対策可能な原因，または真因まで掘り下げ，対策を打つ(図2.18)．

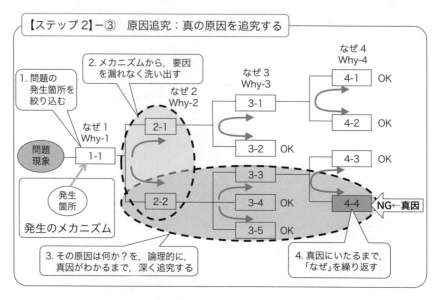

図 2.17　原因追究の進め方（系統図による真因の追究）

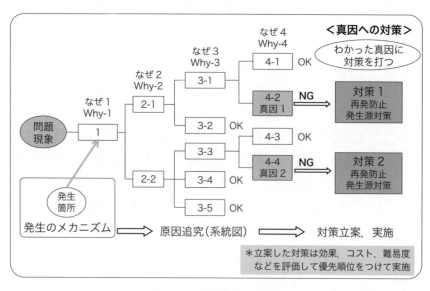

図 2.18　対策立案，実施

2.3.3 なぜなぜ分析の効果

「なぜなぜ分析」による効果としては,次のようなことが挙げられる.
① 思い込みによる間違った原因を導き出すことがなくなり,より早く真因がつかめる.
② 真因に対して適確な対策をとることで,不良やトラブル件数が低減し,再発不良を防ぐことができる.
③ 品質保証や設備保全のコストを削減することができる.
④ 再発防止対策まで実施することにより,仕事のやり方など,品質保証や予防保全のしくみが充実する.
⑤ メカニズムに関する知識の蓄積が図れ,不良発生の原理・原則が明確になる.

第Ⅱ部

ムダ取りの実践はこうする!

第3章

ムダ取り実践の手順

3.1 ムダ取りの対策がわかっている場合

ムダ取りの対策がわかっている場合は，ムダ取りをすぐに実施してビフォー(改善前)とアフター(改善後)を対比して示す．①改善前の状況では，ムダ取りを実施する前に改善すべき問題(ムダ)は何か，問題を確認する．②改善後では，ムダ取りによりどう変えるか(対策の検討)，もしくはどう変えたか(結果)を確認する．3Sなどの問題で，その対策が明確な場合は，この方法で進める．

図3.1(pp.56〜57)の事例では，改善前には，保全作業毎に作業者が必要な工具を工具置場まで取りに行くため，移動，運搬のムダがあった．改善後は，設備に工具置きトレーを設置することで，作業毎の移動，運搬がなくなり，日当り5分30秒の移動，運搬のムダを排除できた．

3.2 ムダ取り実践の手順

問題や課題の状況を論理的に分析しながら，ムダに着眼し，問題の真の原因を分析する必要がある場合は，**表3.1**に示すムダ取り実践の手順に沿って進める．ムダ取り実践の手順は，①現状把握，②分析，③対策，④標準化の4ステップからなり，各ステップはいくつかの手順に分かれている．特に，ムダ取りを実施する前に行う①現状把握，②分析のステップをいかに的確に進め，問題の原因や大きなムダを明確にするかが，その後の成果を大きく左右する．

以下，ムダ取り実践の手順である4つのステップと，それぞれの手順について解説する．

表 3.1 ムダ取り実践の手順

ステップ	手　順
1. 現状把握	手順1：現地・現物による現状の確認 手順2：目標の設定
2. 分　析	手順1：現地・現物によるムダの分析／原理・原則による原因追究の分析 ＊つくり方(不良・加工そのもの)のムダ取りでは、「原理・原則による原因追究の分析」を行う
3. 対　策	手順1：対策の検討 手順2：対策の実施
4. 標準化	手順1：効果の確認・評価 手順2：標準化

【ステップ1】 現状把握

■手順1：現地・現物による現状の確認

　実際の現場で現物を見て，対象とする現場の全体の状況(人の動き，モノの状態・流れ)のデータを取り，確認する．

■手順2：目標の設定

　ヒヤリングや現状のデータから，目標・課題を設定する．

　ステップ1「現状把握」では，問題や課題を確認し，現地・現物による現状の確認を行う．問題や課題の現状をつかみ，大まかな改善のスケジューリングを行いながら，いつまでに(活動期間)，誰が(役割分担)，何を，どこまで改善するか(目標値)を決めて，目標の設定を行う．

<事例1> 保全作業のムダ取り	<ムダの着眼> 移動，運搬のムダ

改善前
改善実施前の状況

保全作業毎に，工具を取りに行く
➡移動，運搬のムダがある

設備⇔工具場所の移動，運搬
110秒／1回 × 3回／日
➡330秒／日のムダ

何を（問題・課題・目標値）

図3.1 対策が

3.2 ムダ取り実践の手順

わかっている場合

【ステップ2】 分　析
■手順1：現地・現物によるムダの分析／原理・原則による原因追究の
　　　　　分析
　現地・現物で現場の状態・作業の中に潜むムダを洗い出し，どのようなムダがあるかを分析する．また，つくり方（不良のムダ，加工そのもののムダ）のムダ取りでは，不良やトラブルの発生原因を原理・原則により追究する．

　ステップ2「分析」では，ステップ1「現状把握」で確認した現状のデータを基に，さらに詳細な内容（現場のムダや問題の原因）を絞り込み，問題の細部から核心をとらえる．
　ムダの分析により，現場のどこに，どのようなムダが，どれだけあるかを明確にする．現場の作業をよく見て，ビデオなども使いながら，どこに，どのようなムダがあるかを現地・現物で，データでムダをとらえ，ムダが発生する原因を追究する．
　不良や設備トラブルなどの問題では，問題の原因がどこにあるか，問題の真因を追究する．問題の原因追究で重要な姿勢は，原理・原則に則ることである．
　一般的に原理とは，基本的な法則や理屈を意味し，また原則とは，多くの場合に当てはまる基本的な決まりや規律を意味する．これらの意味に加えて，ムダ取りの問題解決における原理・原則はさらに特定の意味を持つ．

　「原理」 とは，問題が発生する仕組みやメカニズムである．問題の仕組みやメカニズムとは，現場で確認できた要因や，その他考えられる要因を挙げて，それらの要因がどのように関連して問題の発生に至ったかを科学的にとらえることである．

> 「原則」とは，原理(問題が発生する仕組みやメカニズム)において，それぞれの要因がどのような条件や状態であれば問題が発生するのか，問題発生時の要因の具体的なレベル，状態を特定する値である．

　原理・原則を常に頭において，問題が発生した状況から，なぜその状況が発生したか，考えられる要因を挙げながら，最も根本的な真の原因を追究する．

【ステップ3】　対　策
■手順1：対策の検討
　ムダ取りの対策を立案し，検討する．複数の案がある場合は，それぞれの案に優先順位(効果の大きさ，実施のしやすさ，投資の大きさ)をつける．
■手順2：対策の実施
　検討した対策を実施する．

　ステップ3「対策」では，ステップ2「分析」により明らかになったムダを排除するために，対策を検討し実施する．
　ムダ取りの対策は初めから一つに絞るより，いくつかの案を考えておく．すぐに実行可能な案や，実施に時間はかかるが大きな効果が期待できる案，さらに段階的に実施ができる案など，柔軟に，できるだけ多くの対策を出して，それぞれ比較検討する．そして，比較検討後に対策を絞り込み，実施する．
　対策の実施では，期待した効果が十分に得られずに実施後に修正したり，さらに再検討が必要であったり，最悪の場合には不具合のために元

に戻さなければならない場合もある．対策の実施では，トライアンドエラーを繰り返すことも念頭において，柔軟に修正，対応しながら進める必要がある．

【ステップ4】 標準化
■手順1：効果の確認・評価
　改善により期待した効果が実現できたか，改善後の効果を観察し，確認・評価する．効果が不十分な場合は，改善前と改善後の実際の作業の違いを比較し，すぐに対応できる修正や追加改善はできる限り現場で対処し，改善を仕上げる．
■手順2：標準化
　実施した改善後の作業を標準化する．同様な作業があれば，他の作業にも同様にヨコ展開する．

　ステップ4「標準化」では，実施した改善の効果を確認し，作業の標準化を行い，改善後の作業を現場に定着させ，合わせて同様な作業を他の現場へ展開する．

第4章

作業(動作・運搬)のムダ取り

作業(動作・運搬)のムダ取りでは，作業者の動きをよく見て，その中の動作・運搬のムダに着眼する．ムダの分析で明らかになった動作・運搬のムダ取りの方法は，

　方法1：3S
　方法2：動作経済の原則
　方法3：ECRS

の3つが基本となる．

4.1　3Sによるムダ取り

作業(動作・運搬)のムダ取りにおいては，改善の最も基本的な活動である3Sを行う．

4.1.1　作業のムダ取りの 方法1 ：3S

改善の基礎的な活動は5S(整理・整頓・清掃・清潔・躾)といわれる．その中でも，「3S」(整理・整頓・清掃)が実質的に基本となる重要な活動である．3Sのレベルを上げれば，ムダ取りが進み，ムダが排除できる．

3Sは，まず2S(整理・整頓)から取り組む(図4.1)．「整理」で現場の生産に不要なモノを排除する．「整頓」で必要なモノを置きやすく(戻しやすく)，取りやすく，作業しやすい状態にする．2Sはモノの置き方の標準化といえる．2Sで，最も効率よく作業できる置き方や作業の動線をつくる．

3Sは，2S(整理・整頓)＋「清掃」である．「清掃」とは，現場の日々の掃除に加えて3Sの状態を維持する活動でもある(図4.2)．さらに「清掃」により，現場の異常(正常から外れた状態)をチェックする．3S活動が行われている現場では，モノの管理だけでなく，作業そのものの

4.1 3Sによるムダ取り

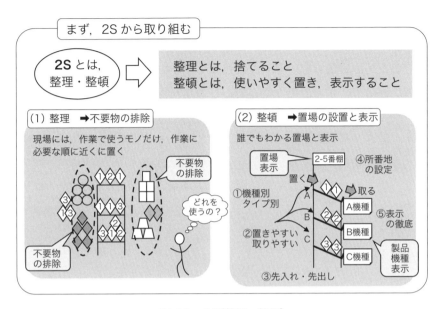

図4.1 2S(整理・整頓)

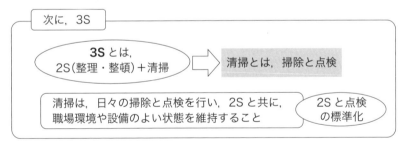

図4.2 3S

ムダが排除され,作業効率が改善される.ムダ取りのための3Sとして,次の点に着眼する.

1) 不要なモノが作業エリア,作業動線上に置かれていないか

作業のムダを排除するために,作業に関係しないモノを作業エリアか

ら排除する．作業に関係するモノも，使う順番に取り出しやすく置きやすい(戻しやすい)ように配置する．時間毎に使う順番に置かれているか，また，今日使わないモノが混在していないかが見てすぐにわかるように，置き方，表示，先入れ・先出しのルールをつくる．

整理・整頓のルールは，
① 置きやすく(戻しやすく)，取りやすいか(作業で使う用途，機種毎に置かれているか)
② 先入れ・先出ししやすいか(使う順番に置かれているか)
③ モノの表示，置場の表示があるか(誰でもわかる表示，間違えない表示)

に配慮する．

2) 探す・選ぶムダはないか

帳票やメモを見て複数の材料や製品の中からモノを探していないか，選んでいないか．探したり，選んだりしていれば，なぜ探さなければならないのか，なぜ選ばなければならないのかの原因をつかみ，探さない，選ばない方法，状態をつくる．

3) 定期的に清掃できているか，日々の点検，状態の確認はできているか

清掃のルールを決め，掃除箇所，点検項目，内容，手順を設定し遵守する．整理・整頓の状態が維持できているかをチェックする．

4.1.2 作業のムダ取りの事例1－3Sによるムダ取り－

作業のムダ取りの事例1(3Sによるムダ取り)を，図4.3に示す．

【ステップ1】 現状把握
■手順1：現地・現物による現状の確認

まず，現場に立って，作業，現場の状態を確認した．現場は工場の材料納入受入現場である．納入する者が納入手続き後に，納入品を空いているスペースに不規則(整理・整頓されず)に置いていく状態であった．受入の作業者は受け入れたモノと伝票の照合のために，モノ探し作業に追われていた．

作業の帳票や作業者からのヒヤリングから，次の内容が確認された．
① 1日に約50社の材料メーカーが納入し，1日全体で100型式〜500型式程納入される．
② 伝票発行管理と，受入作業を4人で行っている．

＜現状把握からわかった問題点＞

現場観察・ヒヤリングから，次の問題点が挙げられた．
① 受入作業者は，納入業者がどこに何を置いたかわからない．
② バラバラに置かれたそれぞれの台車の現品票を見て，伝票と照らし合わせてモノを探す．
③ 材料受入置場に置き方のルールがない．

■手順2：目標の設定

「現状把握」から，すぐに対策ができる整理・整頓(2S)によるムダ取りを行い，生産性の向上を目指した．

【ステップ2】 分　析

■手順1：現地・現物によるムダの分析

現地・現物の分析で作業の流れと作業時間を分析した(1サイクルの作業を確認し，作業時間を計測)．

＜分析内容：作業の流れと作業時間＞

① 作業の流れ
　1.伝票確認→2.台車確認→3.管理票照合・台車搬送
② 作業時間

| <事例1> 作業のムダ取り | <ムダの着眼> 動作（モノ探し） |

改善前
1. 現状把握 → 2. 分析

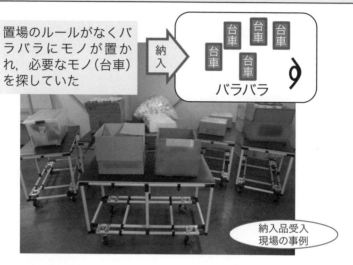

置場のルールがなくバラバラにモノが置かれ，必要なモノ（台車）を探していた

納入 → バラバラ

納入品受入現場の事例

1. 現状把握
- １日に約50社の材料メーカーから，材料が納入される．
- 材料受入置場はスペースが狭く，４人の受入作業者は置かれた材料の処理に追われていた（10分／１社，１台車の作業時間がかかっていた）
- 材料受入置場に，置き方のルールがなかった

2. 分析
受入作業者は，どこに，何が置かれているか，わからない
⇒毎回，管理票と台車の表示を合わせながら，モノを探すムダが発生していた（１台車当たり１～２分，管理票との照合，台車探しに時間がかかっていた）．

何を（問題・課題・目標値）

図4.3　作業のムダ取りの

| のムダ | <改善の着眼> | No. 002 |
| | 3S(整理・整頓・清掃) | |

改善後
3. 対　策　⇒　4. 標準化

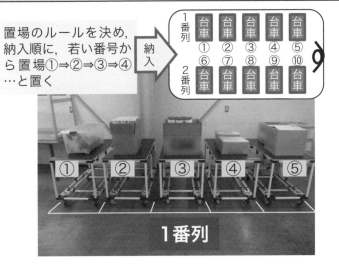

置場のルールを決め、納入順に、若い番号から置場①⇒②⇒③⇒④…と置く

3. 対　策
■置場のルール化(置場を決め、台車に番号をつけて、置く位置(ロケーション)を決めた
■メーカーは、必ず、若い番号の空いている台車から順に納入(管理票に台車 No. を記入)し、受入作業は、納入順に従って作業するように標準化した

4. 標準化
置場のルール化、標準化により、何が、どの台車(位置)に置かれたか一目でわかるようになった(「ワンポイント指導票」で明示)
⇒1台車当たり、1.5 分のモノを探すムダがなくなり、60 分／1 日の探すムダを排除した

どうした(成果)

事例ー 3S によるムダ取りー

- 作業1(伝票の確認):3分
- 作業2(台車の確認:伝票の台車を探す):2分
- 作業3(管理票と現品の照合・台車の搬送):5分

＜ムダの着眼＞

「分析」から,1伝票当たり10分／サイクルの作業で,2分の探すムダが見られた.

【ステップ3】 対　策
■手順1:対策の検討
① 置場に置くルール(整理・整頓のルール)を決める.
② 置場のロケーション(台車を置く位置)と台車の番号を決める.
- 台車を置く者(納入業者)は空いている置場の番地から順に置き,置いた台車番号を管理伝票に記入する.

■手順2:対策の実施

対策の検討後,関係者に確認し,承認後すぐに置場の整理・整頓を実施した.

【ステップ4】 標準化
■手順1:効果の確認・評価

「対策の実施」後,作業時間を計測した結果,1伝票当たり1.5分の探すムダを排除し,作業者1人当たり,60分／1日の探すムダが排除できた.

■手順2:標準化

「標準化」として,置場のルールを「ワンポイント指導票」にし,現場の台車置場に掲示し,合わせて納入業者へ連絡配布して遵守を徹底した.

4.2 動作経済の原則と ECRS によるムダ取り

作業(動作・運搬)のムダ取りにおいて,3S の次が,「動作経済の原則」と「ECRS」によるムダ取りである.

4.2.1 作業のムダ取りの 方法2 :動作経済の原則

> 「動作経済の原則」とは,動作・運搬のムダを排除するためにムダ取りのポイントをまとめたもので,どのような着眼点で動作・運搬のムダを排除するのか,効率のよい作業や工具・材料などの配置方法を示した改善の原則である.

「動作経済の原則」では,次の4つが着眼点となる.
① 動線の短縮
② 適正な作業域
③ 小さな動作,楽な動き
④ 配置の工夫

1) 動線の短縮

「動線の短縮」では,動作のムダ,運搬のムダに着眼しながら,まず,モノの流れ,作業の流れに沿って作業動線を確認する.流れを追いながら,付加価値作業を行う加工点を明確にし,加工点から加工点の作業動線を最短でつなぐように作業を配置する.作業動線をつなぐ加工点の間をできるだけ近づける.

特に,作業エリアから作業エリアへ(付加価値作業から付加価値作業へ)モノを運ぶ最短の作業動線を外れる運搬や移動に着眼する.作業動線をジグザグ,でこぼこさせず,加工点や作業エリアは,自然で単純な

一直線の移動動線でつなぐ．歩行の一歩は1円のロスと考え，一歩でも歩行を少なく作業の動線を短縮し，歩行ゼロを目指す．

　加工点(モノに付加価値をつける作業)以外の所へ運ぶ動線はムダである．なぜ，最短・最小の作業動線から動作や運搬が外れるのか原因を追究する．作業動作・動線の短縮においては，作業動線を人が作業しやすい，身体に負荷の極力少ない高さ，位置で配置し，動作や運搬の動線を短く単純にする．

2) 適正な作業域

　各作業における作業域は，できるだけ小さく，作業しやすい作業域に作業要素を引き寄せる．部品や工具の配置を必要以上に広くせず，コンパクトに，できる限り最適な作業域に配置する．「適正な作業域」になっているかどうかが着眼点となる(図4.4)．

3) 小さな動作，楽な動き

　「小さな動作，楽な動き」になっているかどうかが着眼点となる．身体に無理のない動作，楽な動きが効率のよい作業である．ムダな動きをなくし，付加価値をつける作業をいかに小さく，自然な動きにするか，

図4.4　動作経済の原則―適正な作業域―

着眼のポイントを次に示す(図 4.5).

① 身体に無理のない，小さな動作，楽な動き

運動量(搬送重量×距離)を小さくする．体のよじれ，ねじれをなくす(ひねりレス)．できるだけ手や身体に負荷がかからない動きにする．そのために胴体のねじりや身体の重心の上下動(立ち上がる，座る)，及び左右の動きを少なくする．

さらに，胴体(腰を使う動作)より腕の動作，腕より手首，手首より指の動作というように運動量を小さくする．

② 滑らかな連続したリズミカルな動作

両手の作業を基本として，両手で付加価値をつける作業を行う．すな

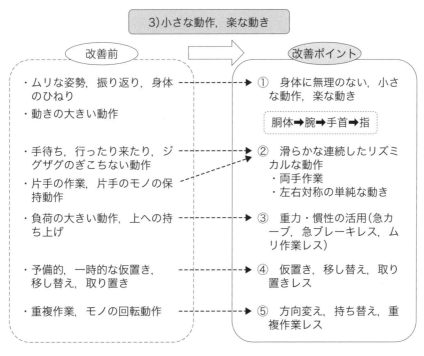

図 4.5 動作経済の原則ー小さな動作，楽な動きー

わち，片手をモノの保持や固定だけに使わないよう，モノの保持具などを工夫する．

また，片手が作業待ちとならないよう，左右の手でそれぞれ取りやすく，置きやすい位置にモノ(部品，工具類)を配置し，両手の作業を同時並行して行えるように工夫する．

③　重力・慣性の活用(急カーブ・急ブレーキレス，ムリ作業レス)

作業の動き，モノの運搬は，重力や慣性を活用して，できる限り身体への負荷を軽減する．手や運搬の動作は放物線などの自然な動線にし，急な方向転換や無理な姿勢での作業をなくす．

④　仮置き，移し替え，取り置きレス

加工点や作業エリア以外にモノを置かない．作業手順の中に加工点以外の置場，取り置きはできる限り少なくする．

⑤　方向変え，持ち替え，重複作業レス

材料，製品置場や加工点から加工点までの移動運搬は，モノの位置，方向をできるだけ変えずにそのままの位置，方向でできる単純な移動運搬にする．

付加価値作業以外のフタや部品の取り外し，開閉，出し入れなどの付帯的な作業に着眼する．付帯作業において，前後工程で重複した作業はないかに着眼し，重複作業(容器の開閉，順番や位置関係の移動)を排除する．

4)　配置の工夫

適正な作業域，小さく楽な動作にするために，部品や工具の「配置の工夫」が着眼点となる．

工具は使う位置に近づける．工具や治具を伴う作業では，できる限り手元に近づけ，使う姿勢で保持し，速やかに作業ができる定位置に設置する．工具を取るための腕の移動，引き寄せる動作をできる限り小さく

する．すぐに取って使用でき，すぐに定位置に戻せるように工夫する．そして，組み付けなどの部品は，傾斜のあるコロ付きの自重で移動整列する棚などを利用して，できるだけ手元の定位置に引き寄せる．スイッチ類は作業の動作の中で，動作と並行して操作できるように設置する．

　また，「配置の工夫」と合わせて，使用する工具・治具の工夫を行うとよい．工具類はできるだけ共通化し，使用するネジや部品も共通化，統一化する．位置決めのための工具や治具も，ワーク，部品の固定や保持のための作業動作を少なくし，ワンタッチ化，位置合わせや調整レス化する．固定のためのネジ止めなどはできる限り少なく簡略化する．

　さらに作業の動作や運搬を軽減する搬送台車や台車への出し入れ，棚と台車の乗せ換え作業などがワンタッチでできるように工夫(作業前置場と搬送を兼ねた台車など)すると，作業エリア全体の動作，運搬の改善につながる．これらの作業改善を「からくり改善」(現場主体の治工具，台車などの工夫)として取り組むと，より現場の知恵やアイデアが活かせるようになる．

4.2.2　作業のムダ取りの 方法3 ：ECRS

> 「ECRS」とは，
> ①　E：Eliminate(排除／なくせないか)
> ②　C：Combine(結合／一緒にできないか)
> ③　R：Rearrange(交換／順序の変更はできないか)
> ④　S：Simplify(簡素化／単純化できないか)
>
> の4つの着眼点で，モノや人の作業のムダ取りの改善策を問いかけることである．

E(排除)では，ムダな動作，動き，運搬を排除する．この動作，作業は必要か，なくせないか，なぜここに仮置きするのか，置かずに次の作業ができないか，すべての動作や運搬のムダに対してなくせないかを問いかける．

C(結合)では，同様な作業を一緒に行えないか，同時に作業できないか，並行して処理できないか，作業を組合せることで短縮できないかと問いかける．

R(交換)では，作業の順序や並びを入れ替えることで，動作や動線，作業時間が短縮できないか，配置などの並び替えを工夫することで効率化できないかを問いかける．

S(簡素化)では，作業，動作を単純化，簡略化する．複雑な動きをできる限り簡潔な動きにして，時間短縮や作業手順の削減を行う．

4.2.3 作業のムダ取りの事例2－動作経済の原則とECRSによるムダ取り－

作業のムダ取りの事例2(動作経済の原則とECRSによるムダ取り)を図4.6に示す．

【ステップ1】 現状把握

■手順1：現地・現物による現状の確認

現場は電子部品の製造現場の仕上げ工程フロアである．工程は，
① 外観検査作業
② 装置A(計数)
③ 装置B(ケース収納)
④ 装置C(真空シール)
⑤ 外装梱包

の5工程を，4人の作業者で行っている．

4人の作業を見ると，工程間の作業動線が複雑で移動や運搬が多く，

また，工程間の仕掛りも台車などに積まれた状態で多く滞留していた．
＜現状把握からわかった問題点＞
現場観察・ヒヤリングから，次の問題が挙げられた．
① 動作・運搬のムダが多い．
② 工程間の仕掛りの滞留が多い．
③ 作業動線が悪く，立ったり座ったりの作業が交互に発生し，動作のムダにつながっている．

■手順2：目標の設定
「現状把握」から，まず，すぐに対策ができるレイアウトの変更を優先して行い，作業動線を短縮して，動作・運搬のムダ取りを目指した．第2段階の目標として，その後，装置や作業台の改良を行い，さらなる作業動線の短縮を目指した．

【ステップ2】　分　析
■手順1：現地・現物によるムダの分析
＜分析内容：作業の流れ＞
① 作業動線：15.5m
作業の流れを分析すると，次のようなことがわかった．
　1)外観検査作業：①検査→②PC(パソコン)入力→③完了品置場→
　2)装置A：④装置A投入取出し→
　3)装置B：⑤装置B投入取出し→⑥完了品置場→
　4)装置C：⑦PC(パソコン)入力→⑧装置C投入取出し→⑨移動コンベア→
　5)梱包：⑩梱包

1)から5)までの流れで作業の動線は15.5mあり，動線が長いために作業者に多くの動作，運搬のムダが発生している．これらの作業の流れで，すぐに排除すべきムダな要素は，③，⑥の完了品置場，⑨移動コン

| <事例3> 作業のムダ取り | <ムダの着眼> 動作・運搬のムダ |

改善前

1. 現状把握 ➡ 2. 分 析

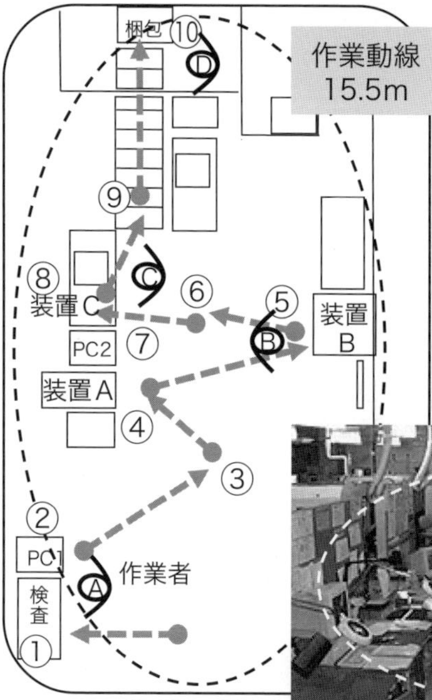

1. 現状把握
- 電子部品製造の仕上げ工程
- 設備配置の制約や，滞留する仕掛りのために，作業動線が複雑（ジグザグ）で，移動，運搬が多く発生している
- 人の作業は座り作業の検査や搬送のための立ち作業があり，立ったり座ったりの繰り返しで動作のムダが多く発生している

- 4人作業

作業動線 15.5m

作業エリア

作業エリア（改善前）

2. 分 析
- モノの流れの分析（インからアウトまでの作業動線：15.5m）
  ①検査→②PC（パソコン）入力→③完了品置場→④装置A投入取出し→⑤装置B投入取出し→⑥完了品置場→⑦PC（パソコン）入力→⑧装置C投入取出し→⑨移動コンベア→⑩梱包
- ムダな要素：③，⑥の完了品置場，⑨移動コンベア・・・すぐに排除する

何を（問題・課題・目標値）

図4.6　「動作経済の原

<改善の着眼>	No. 003
動作経済の原則・ECRS	

改善後

3. 対　策　➡　4. 標準化

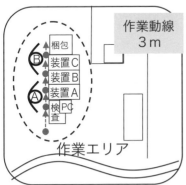

3. 対　策
■作業動線を 15.5m⇒3mに短縮
1. 動作経済の原則
   ①作業動線の短縮（短く，単純に）
   ②作業台改良による装置の近接化
   ③立ったり座ったりの作業を改善
   　⇒立ち作業で横の単純な動きへ統一（作業動線の高さを統一し，ムダのない適正な作業域に改善）
2. ECRS
   ①E：工程間置場，コンベアの排除
   ②C：PC入力作業2つ→1つに統合
   ③R：作業動線の組換え，入替え
   ④S：装置や置場，置き方の単純化

4. 標準化
■効果：4人⇒2人の作業に改善，生産性：2倍
■検査から装置A，B，C，包装機までの一連の作業の流れを，標準作業として標準化した
　⇒標準作業により，作業動線や，工程内の仕掛りが改善前の20%（1/5）に削減できた

どうした(成果)

則・ECRS」の改善事例

ベアである．

また，付加価値作業と考えられる作業要素は，①検査，②PC(パソコン)入力，④装置A投入取出し，⑤装置B投入取出し，⑦PC(パソコン)入力，⑧装置C投入取出し，⑩梱包であるが，それらの作業要素の間もできる限り短縮し，短く単純な動線にする必要がある．

【ステップ3】 対　策
■手順1：対策の検討
■手順2：対策の実施
　①　対策(第1段階)

まず，第1段階の対策として，レイアウトの変更など，すぐに行える対策を実施した．実施内容を図4.7に示す．

第1段階の改善では，「動作経済の原則」から，1)作業動線の短縮，2)小さくコンパクトな作業エリアを，また「ECRS」の着眼から，1)E：工程間置場の排除，2)R：作業動線の組換えを行った．

第1段階の対策により，作業動線：15.5 m→7 mと，作業動線が半減し，作業人員も4人→3人となって，生産性：1.5倍に改善できた．

　②　対策(第2段階)

第2段階の対策として，梱包作業のクリーンブース化(間仕切りの壁とコンベアの撤去)や，装置の小型化など，時間やコストの検討が必要な対策について検討を行い実施した．実施内容を，図4.8に示す．

第2段階の改善では，第1段階の改善に加えて，「動作経済の原則」から，1)小さな動作，楽な動き，2)配置の工夫を，また「ECRS」の着眼点から，1)C：PC入力作業の統合，2)S：装置や作業テーブルのコンパクト化を行った．

第2段階の対策により，図4.9に示すように作業ポジションの作業域が適正な高さと範囲で小さな動き，楽な動作で連続して行えるように

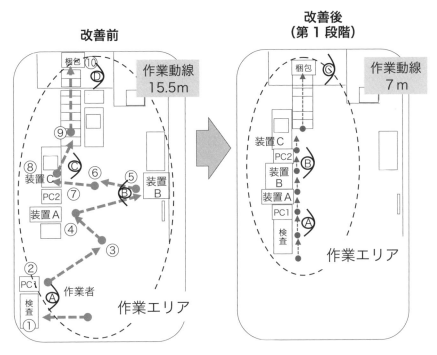

図 4.7　第 1 段階の対策

なった．さらにそのポジションで横方向に作業動線をつなぐことで，立ったり座ったりする動作がなくなり，横方向のスムーズな動きで作業がつながるようになった．

　第 2 段階の対策により，作業動線：15.5 m → 7 m（第 1 段階）→ 3 m（第 2 段階）と，作業人員も 4 人 → 3 人（第 1 段階）→ 2 人（第 2 段階）となった．

【ステップ 4】　標準化
■手順 1：効果の確認・評価
　作業動線では 15.5 m → 3 m と 80％削減，工程内の仕掛りも同様に

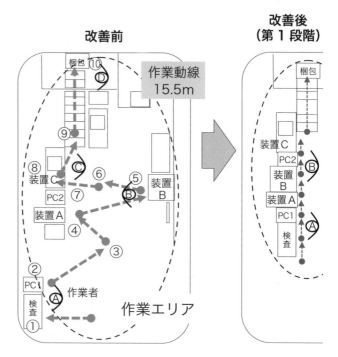

図 4.8 第2

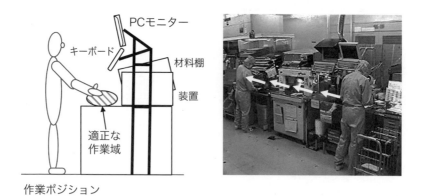

図 4.9 改善後の作業域

4.2 動作経済の原則と ECRS によるムダ取り　81

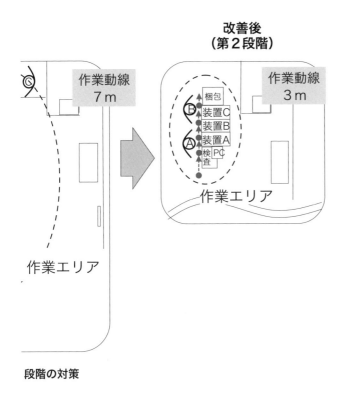

段階の対策

80％削減し，生産性では同じ生産量に対して4人→2人と2倍になった．

■手順2：標準化

改善により作業手順を見直して，効率のよい作業手順をつくり上げ，作業を標準化した．

第5章

作業者間
（手待ち・つくり過ぎ・在庫）
のムダ取り

作業者間(手待ち・つくり過ぎ・在庫)のムダ取りでは，作業者と作業者の間や，工程と工程の間の連携の悪さから生まれるムダに着眼する．ムダの分析で明らかになった手待ち・つくり過ぎ・在庫のムダ取りの方法は，
　　方法1：標準作業づくり
　　方法2：流れづくり
の2つが基本となる．

5.1　標準作業づくりによるムダ取り

5.1.1　作業者間のムダ取りの 方法1 ：標準作業づくり

1) 標準作業づくりとは

作業者間(手待ち，つくり過ぎ，在庫)のムダ取りでは，作業者間の作業を連携させるしくみやルールづくりが重要である．作業者を連携させるしくみやルールづくりとは，個々の作業だけでなく，全体の作業者を対象に，効率よく繰り返し作業が行えるしくみ，ルールをつくること，すなわち「標準作業」をつくることである．

> 「**標準作業**」とは，作業者間の手待ち・つくり過ぎ・在庫のムダをなくすために，作業の繰り返しを明確にし，全体の生産のリズム(タクトタイム)で各作業者の作業を同期化させる標準化の方法である．

標準作業では，次の3つの要素を設定する．
① 作業手順
② 標準手持ち
③ タクトタイム

2) 標準作業の3要素
① 作業手順

作業エリア，工程内において，作業者が一連の作業の中で行う作業を明確にして，1サイクルの作業に対して，作業の手順を決める．作業のルート，作業者の移動，運搬，動き方や，作業を行う順序を決める．移動や運搬は作業動線に沿って，最も効率よく行えるように作業をつなぐように標準化する．

② 標準手持ち(各工程(作業，運搬，置場)の手持ち量)

1サイクルの作業で行う作業の手持ち量(1サイクルの作業で仕掛ける量)を決める．1サイクルの作業で運ぶ作業量，および設備に仕掛ける量を決める．作業をスムーズに効率よく行えるよう，繰り返し作業に必要で適切な仕掛り量を決める．

基本的には，作業者が作業をつなぐために1個，または1作業単位(ロット)を手持ちし，設備には，加工中のものを1個，または1作業単位(ロット)で仕掛けている仕掛り量が標準手持ちである．

③ タクトタイム

「タクトタイム」(TT：takt time)とは，作業の繰り返しを一定のリズムで行うために設定する1サイクル当たりの作業時間である．タクトタイムは，作業者や工程全体で生産リズムを同期させるための重要な値である．タクトタイムの算出は，生産需要やライン全体のボトルネックの能力からその日の必要生産量を算出し，1日の稼働時間を必要生産量で割って設定する．ライン全体の生産スピードをタクトタイムに合わせることにより，作業者や工程全体の作業スピードを同期化させ，手待ち・つくり過ぎ・在庫のムダを排除する．

タクトタイムとサイクルタイムの違いは，サイクルタイムが単に繰り返し作業における1サイクルの時間を示すのに対して，タクトタイムはライン全体，工場全体を同期させる共通のサイクルタイムである．

すなわちタクトタイムは，1工程だけに設定するのではなく，ライン全体，工場全体で共通の値として設定する．

3) 標準作業の表し方

現状の標準作業を，現場で誰が見てもわかるように図表で標準化し，作業現場に表示する．

① 作業の手順と内容(標準的な作業時間)を示す：「標準作業組合せ表」

作業ポジション	作業手順	作業内容	作業時間	加工時間
標準作業組合せ表				単位：分
材料置場	①	棚から取る	2分	
	②	運ぶ	1分	
加工1	③	機械に仕掛け，加工する	3分	10分
	④	運ぶ	1分	
加工2	⑤	機械に仕掛け，加工する	3分	10分
	⑥	運ぶ	1分	
加工3	⑦	機械に仕掛け，加工する	3分	10分
	⑧	運ぶ	1分	
加工4	⑨	機械に仕掛け，加工する	3分	10分
	⑩	運ぶ	1分	
加工5	⑪	機械に仕掛け，加工する	3分	10分
	⑫	運ぶ	1分	
完成品置場	⑬	棚に置く	1分	
	⑭	戻る	2分	
		合計	26分	

図 5.1 「標準

標準作業では，標準化した作業の手順や内容などを「標準作業組合せ表」により表示する．「標準作業組合せ表」の例を図5.1に示す．

「標準作業組合せ表」では，作業ポジション，作業手順，作業内容(要素)，作業時間，加工時間などを図表にして示す．さらに各作業要素が時間の経過で(作業手順に従って)どのように組み合わせられるか，連携して作業されるかをタイミングチャート(時間の経過を横軸にした作業の矢線図／図5.1の右半分)で示す．

この「標準作業組合せ表」で個々の作業内容(要素)のつながりと加工

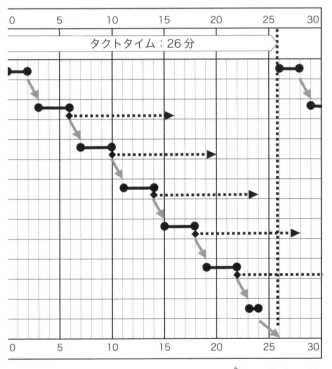

作業組合せ表」

機と人の作業のタイミングが確認でき，一連の作業を繰り返すタクトタイムがわかる．また，作業の連携で手待ちやタイミングのズレがないかなどのムダを確認する．

② 作業場のレイアウト，作業ポジションと標準手持ち(作業工程内で仕掛ける量)を示す：「標準作業票」

「標準作業組合せ表」と合わせて，標準化した作業の配置などを「標準作業票」により表示する．「標準作業票」の例を，**図 5.2** に示す．

「標準作業票」は，簡略化したレイアウト図で，作業の配置，各作業手順を行う作業ポジションのつながり，各作業で仕掛ける量(標準手持ち)を示す．また，安全上の注意箇所や作業上の注意事項などを合わせて示す．作業手順を①，②，③，…と順番にして配置と作業，移動，運搬の流れがわかるように示し，「標準作業票」を見て，現場で作業が一巡できるように示す．

標準作業は，「標準作業組合せ表」や「標準作業票」などで標準作業の3要素を簡潔に示した標準であり，作業現場で誰もがすぐに確認できるように帳票により明示する．明示された標準作業を見ながら，

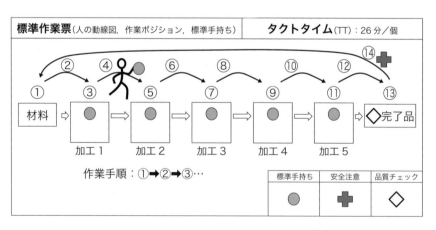

図 5.2 「標準作業票」

① 標準作業は守られているか
② 標準作業にムダはないか
③ 標準作業をさらに改善できないか

を日々現場で考え，改善を実践するツールとして活用する．

5.1.2 作業者間のムダ取りの事例1
　　　　－標準作業づくりによるムダ取り－

　作業者間のムダ取りの事例1（標準作業づくりによるムダ取り）を図5.3に示す．

【ステップ1】　現状把握

■手順1：現地・現物による現状の確認

　現場は，機械部品の加工フロアである．工程は，

① 工程1（加工1）
② 工程2（加工2）
③ 工程3（加工3）
④ 工程4（加工機（硬化炉））
⑤ 工程5（洗浄）
⑥ 工程6（仕上げ）

の6工程を，3人の作業者で行っている．

　3人の作業を見ると，工程間の移動や運搬が多く，また，工程間の仕掛りも棚や台車などに積まれた状態で多く滞留していた．

＜現状把握からわかった問題点＞

　現場観察・ヒヤリングから，次の問題が挙げられた．

① 動作・運搬のムダが多い．
② 工程間に仕掛りの滞留が多い．
③ 作業者の動作が不規則で作業の手順が決まっておらず，標準化さ

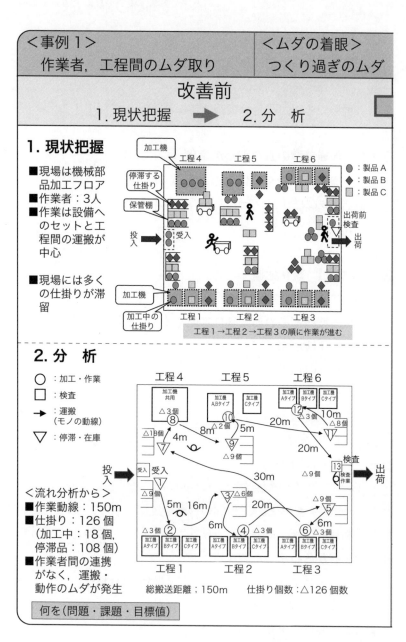

図 5.3　作業者間のムダ取りの事例1

5.1 標準作業づくりによるムダ取り

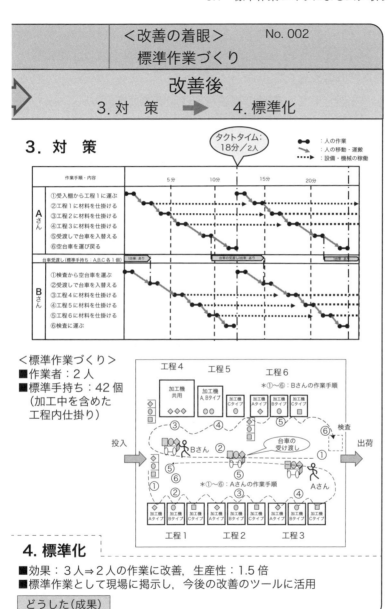

ー標準作業づくりによるムダ取りー

れていない．
④　作業者同士で作業の連携がない．

■手順2：目標の設定

　標準作業を設定して，作業の標準化と作業者の連携のルールをつくることを目標とした．

【ステップ2】　分　析

■手順1：現地・現物によるムダの分析

＜分析内容：モノの流れ分析＞

　現地・現物の分析では，モノの流れを分析し，現状をとらえた．

①　作業動線：150 m
②　工程間の仕掛り：126個(加工中：18個に対し，停滞品：108個)

＜ムダの着眼＞

　「分析」から，標準作業が明確でないため，次のようなムダがあることがわかった．

①　作業者間の棚や台車に加工中の4倍の仕掛りが停滞している．
②　作業者の動きが不規則で，かつ効率が悪く，モノの動線以上の距離の移動や運搬のムダが発生している．

【ステップ3】　対　策

■手順1：対策の検討
■手順2：対策の実施(標準作業づくり)

　作業の手順を明確にして，それぞれの作業での必要仕掛量から標準手持ちを設定した．現状の必要な生産数からタクトタイムを18分／1セット(部品A，B，C：各1個)として，作業者2人の標準作業づくりを行った．「標準作業組合せ表」(図5.4(pp.94〜95))と，「標準作業票」(図5.5)を示す．

Aさんの標準作業は，作業手順①から⑥まで，投入から工程1，工程2，工程3の順に作業を行い，台車受渡し場で台車の受け渡しを行う．台車受渡し場には，1台車分の仕掛り(部品A，B，Cそれぞれ1個)を標準手持ちとして設定する．AさんとBさんは，この1台車の標準手持ちを受け渡して作業を連携する．Bさんの標準作業は，最終の検査から空の台車を受け渡し場へ運び，台車受渡し場で台車を入替えてから，工程4，工程5，工程6の順に作業を行う．

このようにAさんとBさんの標準作業をつくることで，工程間の仕掛りが削減され，仕掛りを置く，取る作業や，製品を探したりつくり過ぎた仕掛りを管理したりするムダな作業が改善される．

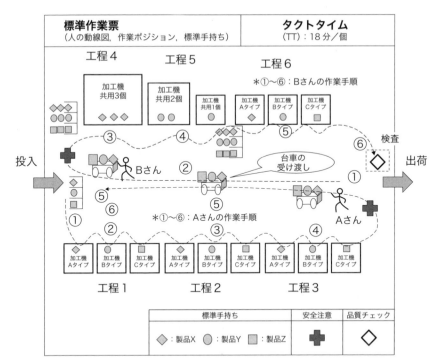

図5.5 「標準作業票」

工程：機械部品加工フロア					
標準作業組合せ表(改善前・後)					単位：分
作業者	作業ポジション	作業手順	作業内容	人の作業時間	設備加工時間
Aさん	投入	①	受入棚から製品を取り出す	2	
			運ぶ	1	
	工程1	②	工程1で完了品を取出し，未了品を仕掛ける	2	10
			運ぶ	1	
	工程2	③	工程2で完了品を取出し，未了を仕掛ける	2	10
			運ぶ	1	
	工程3	④	工程3で完了品を取出し，未了を仕掛ける	2	10
			運ぶ	3	
	台車受渡し場	⑤	受渡しで台車を入替える	1	
			運ぶ（空台車を受入れへ）	2	
	受入	⑥	受入に台車を戻す	1	
			Aさん合計	18	
台車受渡し場での台車(標準手持ち)量					
Bさん	検査	①	検査から台車を受け取る	2	
			運ぶ	3	
	台車受渡し場	②	受渡しで台車を入替える	1	
			運ぶ（仕掛り台車を工程4へ）	2	
	工程4	③	工程4で完了品を取出し，未了を仕掛ける	2	10
			運ぶ	1	
	工程5	④	工程5で完了品を取出し，未了を仕掛ける	2	10
			運ぶ	1	
	工程6	⑤	工程6で完了品を取出し，未了を仕掛ける	2	10
			運ぶ	1	
	検査	⑥	検査に取出し仕掛ける	1	8
			Bさん合計	18	
作業者	作業ポジション	作業手順	作業内容	人の作業	加工
				単位：分	

●—●：人の作業　　◆……▶：機械の稼動　　↘↗：人の運搬・移動

図 5.4　「標準

5.1 標準作業づくりによるムダ取り

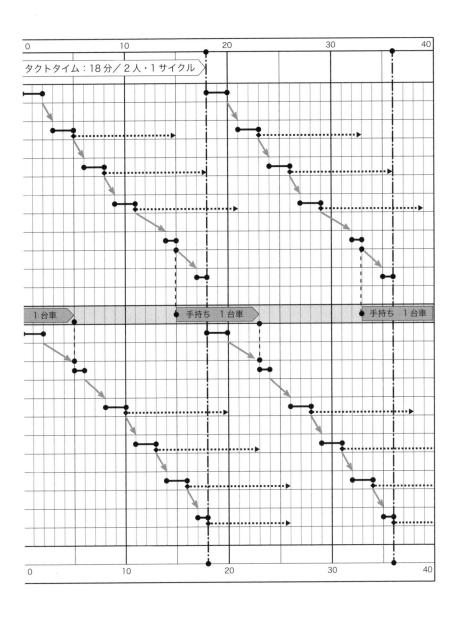

「作業組合せ表」

標準作業づくりと合わせて,設備間のレイアウトをコンパクトにして,作業動線を短縮し,150 m の動線を 45 m に短縮した.

【ステップ4】 標準化
■手順1:効果の確認・評価

これらの改善で,3人で行っていた作業を2人で行えるようになり,1人当たりの生産性を50%アップすることができた.

■手順2:標準化

「標準作業組合せ表」,「標準作業票」により改善した標準作業を標準化し,常に現場の作業者やリーダーが作業しながら確認できるように現場に掲示した.

5.1.3　作業者間のムダ取りの事例2
　　　　－標準作業づくりによるムダ取り－

作業者間のムダ取りの事例2(標準作業づくりによるムダ取り)を図5.6に示す.

標準作業は,一度,設定すればそれでよいのではなく,設定した後も定期的に見直しをしながら,継続的な改善のツールとして活用しなければならない.常に作業の中にムダはないか,現場で確認しながら,標準作業を改善していく.本事例は標準作業の改善の事例である.

【ステップ1】 現状把握
■手順1:現地・現物による現状の確認

まず,現場に立って,作業,現場の状態を確認した.現場は工場の検査ラインである.加工組立後の製品(配線用ケーブル)の検査を1ライン当たり3人の作業者(Aさん,Bさん,Cさん)で行っている.

現状の「標準作業組合せ表」,「標準作業票」や,作業者からのヒヤリ

ングから，次の内容が確認された．
① 1日に150〜180本／日を作業している．
② タクトタイムの実績は平均128秒／1個・3人．
③ 製品の重量が15Kgと重いため，持ち上げ(製品の移載)作業は基本的に2人で行う．
④ ボトルネックである検査ラインのタクトタイムを改善すれば，全体の生産性が改善できる．

＜現状把握からわかった問題点＞
ヒヤリング・現場観察から，次の問題点が挙げられた．
① Cさんに，40秒／サイクルの手待ちのムダがある．
② Cさんの作業に15Kgの製品を1人で持ち上げる作業があり，持ち上げた後に連続して作業ができない(疲労回復の時間が少し必要)．

■手順2：目標の設定
「現状把握」から，Cさんの手待ちをなくし，生産性の向上(1人当たりの出来高)を改善する目標を設定した．
また，3人作業の要員が不足した場合，2人でも作業が行えるよう2人作業の標準作業の構築を目指した．

【ステップ2】　分　析
■手順1：現地・現物によるムダの分析
＜分析内容：ビデオ分析＞
　現地・現物の「分析」ではビデオ分析を行い，現状の作業と現状の「標準作業組合せ表」，「標準作業票」を比較しながら，問題点を確認した(図5.7(p.100)，図5.8(p.100))．
＜ムダの着眼＞
　Cさんに40秒／サイクルの手待ちがあることを確認した．しかしながら，Cさんには製品の搬送を1人で行う作業があり，この重量物の

| <事例2> 作業者間のムダ取り | <ムダの着眼> 手待ちのムダ |

改善前

1. 現状把握 ➡ 2. 分 析

1. 現状把握

3人作業で配線ケーブルの検査を行う現場

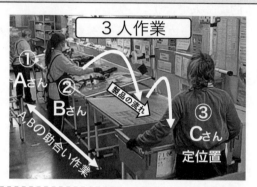

3人作業
① Aさん
② Bさん
③ Cさん 定位置
A,Bの助合い作業
製品の流れ

2. 分 析

Cさんに、**手待ちのムダ**がある。原因は重量物の搬送作業があり、疲労回復の時間と、手待ちのムダが混在していた

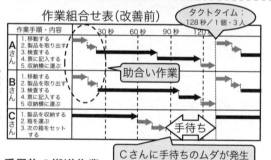

作業組合せ表(改善前)　タクトタイム：128秒／1個・3人

助合い作業

Cさんに手待ちのムダが発生

<ネック作業>：重量物の搬送作業

　　Cさんは，15Kgの重量物を毎回，持ち上げていた

① 重量物を持ち上げる
② 持ち上げたまま振り返る
③ 作業を定位置で繰り返す

何を(問題・課題・目標値)

図5.6　作業者間のムダ取りの事例2

5.1 標準作業づくりによるムダ取り

<改善の着眼> No.002
重量作業の改善，楽々作業化

改善後
3. 対　策 ➡ 4. 標準化

3. 対　策
重量物の作業を軽減し，作業組合せを改善

3人作業（2ライン）
(3人/1ライン×2ライン=6人)
⇒ **2人作業化（3ライン）**
(2人/1ライン×3ライン=6人)

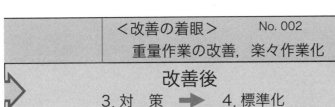

作業組合せ表（改善後）　タクトタイム：160秒／1個・2人

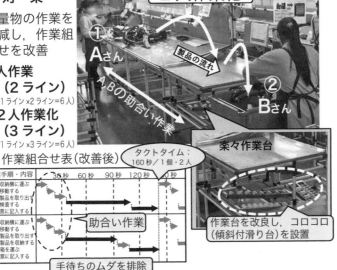

手待ちのムダを排除

作業台を改良し，コロコロ（傾斜付滑り台）を設置

4. 標準化　　生産性20%UP（手待ちのムダ排除）

<ネック作業の対策>：重量搬送の排除
作業台を改良し，重量物を持ち上げずに，滑らせるようした⇒助合い作業が可能に

＊さらに，生産変動に対応して柔軟な（2〜3人）配置が可能となった

① コロへ滑らせる
② 自重で，コロ上を転がる
③ Aさんとの助合い作業へ移動

どうした（成果）

ー標準作業づくりによるムダ取りー

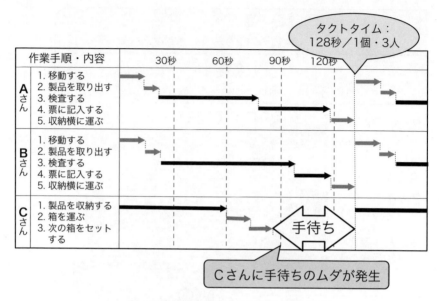

図 5.7 「標準作業組合せ表」(改善前)

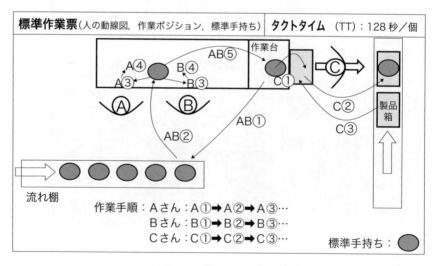

図 5.8 「標準作業票」(改善前)

搬送を軽減しなければ手待ちを排除できないこともわかった．

【ステップ3】　対　策
■手順1：対策の検討

　①　改善1：作業台の改善(図5.9)

　改善前は作業者が15Kgの製品箱を1人で後ろ側のコンベアへ運んでいたが，改善後は作業台を改良し，持ち上げずにコロコロシューターで1人で運べるようにした．これにより重量作業がなくなり連続作業ができるようになった．

　②　改善2：作業組合せの改善(図5.10，図5.11)

　作業の組合せ(配置と作業配分)を改善し，3人作業を2人作業に変えて手待ちのムダを排除した．

■手順2：対策の実施(標準作業づくり)

　対策の実施では，現場のリーダーが中心となって自前で作業台を改良し，作業性や作業のしやすさを考慮しながら，少しずつ修正を加えながら改善を実施した．

【ステップ4】　標準化
■手順1：効果の確認・評価

　改善後，作業時間を計測した結果，改善前に比べて1.2倍(20%アップ)の生産性向上を達成した．

＜改善前＞
　　タクトタイム(3人作業)：128秒／1個・3人
　　→1人工で1個の生産に要する作業時間：384秒／1個・1人

＜改善後＞
　　タクトタイム(2人作業)：160秒／1個・2人
　　→1人工で1個の生産に要する作業時間：320秒／1個・1人

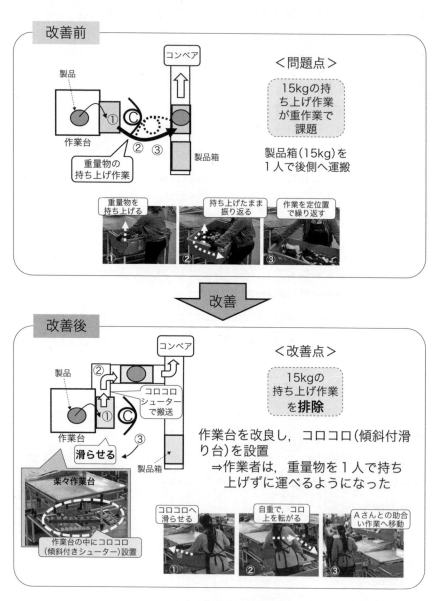

図 5.9 作業台の改善

5.1 標準作業づくりによるムダ取り

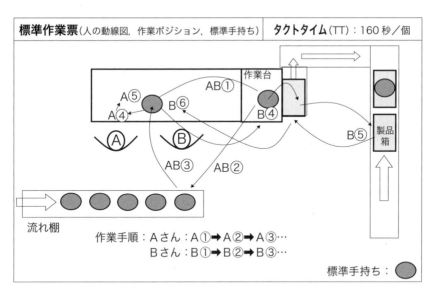

図 5.10 「標準作業票」(改善後)

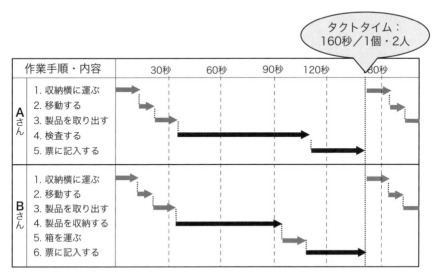

図 5.11 「標準作業組合せ表」(改善後)

■手順2：標準化

標準化として，改善後の「標準作業組合せ表」，「標準作業票」を改訂し，作業台に掲示した．また，他の同様の検査ラインへも順次，展開した．

5.2 流れづくりによるムダ取り

5.2.1 作業者間のムダ取りの 方法2 ：流れづくり
(1) 流れづくりとは
1) 流れづくりの意味

作業者間のムダ取りの方法2として「流れづくり」がある．

> **「流れづくり」** とは，生産のシステムやしくみを構成する加工や組立，検査，運搬といった作業要素のつながりを"流れ"としてとらえて，その"流れ"を，より効率よく，ムダなく連携させる活動である．

「流れづくり」により，主に作業者間(工程間)に発生する手待ちのムダ・つくり過ぎのムダ・在庫のムダを改善する．

作業者間の手待ちを恐れて，作業者や工程間に在庫や仕掛りを置く現場をよく見かける．そのような現場は，需要変動に伴って，生産量の調整や製品機種の切り替えを繰り返すたびに，さらに多くの仕掛りや在庫を抱えて，現場にムダが広がっていく．そのようなつくり過ぎのムダや在庫のムダに埋もれている現場では，ただ単につくり過ぎや在庫のムダを排除しても上手く行かない場合が多い．それは，つくり過ぎや在庫のムダを生み出している原因に対策を打たず，ただ目先の現象であるつくり過ぎたモノに対処しているだけだからである．

なぜつくり過ぎのムダに現場が気づかないのか，なぜ在庫が溜まるのかを考えなければならない．手待ちのムダ，つくり過ぎのムダ，在庫のムダを生む原因に対策を打つ改善を行わなければならない．

作業者間や工程間に発生するムダを改善するためには，作業者間，工程間の連携をよくする改善が必要である．現場改善において，チームで取り組む重要な改善の着眼点が「作業者，工程間の作業の連携を強くする」ことである．複数の作業者や工程によるモノづくりでは，現場の生産性は，この連携の強さによって大きく左右される．組織や工場のモノづくりの強さやレベルを表す尺度がこの連携の強さといえる．組織的な活動では，スポーツから各種の活動やモノづくりの組織まで，そのシステムとしての効率，すなわち組織の力は構成メンバーの連携力により発揮される．生産活動では組織力は組織の生産性で表せる．

生産における連携力を改善することを「流れづくり」ととらえ，以下にその改善の進め方を示す．

2) 流れづくりのねらい・考え方

「流れづくり」のねらいは，生産工場やライン全体を一つのシステムととらえ，それらを構成するすべての作業要素をつなげて連携させることである(図5.12)．個々の作業の効率だけでなく，モノづくり工場のシステム全体のつながりを"流れ"でとらえて，各要素の連携をつくる．対象とする各要素とは，作業者や設備における各作業の中の作業の機能(加工，組立，検査など)を対象とし，各機能をつなぐ活動ととらえる．

流れの要素としては，加工，組立，運搬，検査などの作業を構成するうえで必要な要素だけでなく，停滞や保管といった，必要ではないが流れの中に発生する要素も存在する．「流れづくり」はできる限り生産に必要な要素だけを効率よくつなぎ，生産性を向上させる活動である．最終的なねらいは，生産のためのモノの流れを整えることであるが，モノ

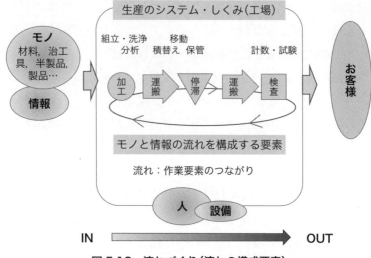

図 5.12 流れづくり(流れの構成要素)

の流れに関連する情報の流れや人の流れ(動き)も「流れづくり」の対象となる.情報や人の動きはモノの流れの支流とも考えられる.これらの,モノと情報と人の流れを広く対象として連携をつくる活動が「流れづくり」である.

(2) 流れづくりの着眼点

「流れづくり」では,次の5つの着眼点がある.
① 3S
② 整流化
③ 多能工化
④ 作業者間の連携のしくみ(標準作業と助け合い)
⑤ 工程間の連携のしくみ

1) 3S

「流れづくり」の基本は3Sである（**図5.13**）．まず，「整理」で，モ

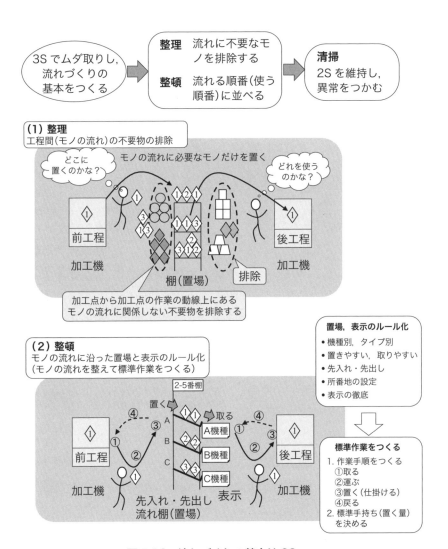

図5.13　流れづくりの基本は3S

ノの流れに関係しない不要物を作業エリアから排除する．次に「整頓」として，モノの流れをつなぐ標準作業がしやすいように置き方のルールをつくる．「整頓」のポイントは次の通りである．

- 機種別，タイプ別など，置きやすく取りやすい置場(流れる順番に並べる)．
- 先入れ・先出し(必ず先に置かれたモノから使うしくみ，置き方)．
- 置場の定位置(所番地)化，一目でわかる表示(品名，保管量など)．

「清掃」では，「整理」，「整頓」のよい状態を維持できるように掃除と点検をルール化し，異常を見える化する．

2) 整流化

「整流化」とは，モノの流れの悪い状態，すなわち乱流を，モノの流れのよい状態である整流に改善することである．まず，乱流の状態について考える．**図5.14**の例では，工程1から工程2，3，4へとモノが流れていく間に，次の工程はどの設備で加工するのか，もしくは，次の加工はいつ行うのかが不明確であるために，工程の間でモノを集め，停滞させている．このように，工程間で，モノの流れが入り混じる状態が乱流である．製品の機種，加工する機械や作業で，工程毎に離合集散を繰り返し，そのつど，モノが停滞し，モノ探しを行わなければならない状態のことである．

乱流を改善して，入り混じった一つひとつの流れを解きほぐし，「整流化」した状態を，**図5.15**に示す．「整流化」により，離合集散なく，加工機から加工機，作業から作業へモノの流れを停滞なくつなげる．生産管理の面では，工程毎にまとめて管理を行う「ヨコ持ち管理」から，同じ製品機種毎にモノの流れを管理する「タテ持ち管理」を行う．「整流化」により，モノの流れは工程間を停滞なくスムーズに流れ，ムダのない流れとなる．

5.2 流れづくりによるムダ取り　109

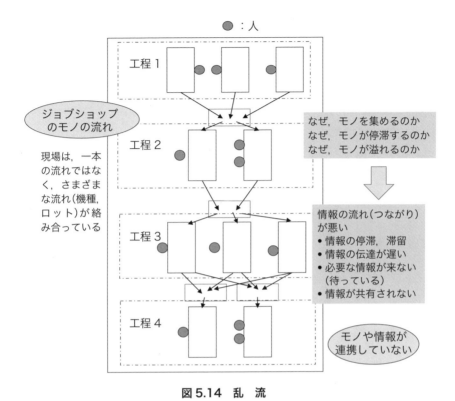

図 5.14　乱　流

　図5.15の例では,「整流化」により, 乱流の状態から, 工程1, 2, 3, 4の進行に従って, 製品や機種毎に前工程から次工程に停滞なく, 直接, モノが流れる状態になっている.

3)　多能工化

　ムダなく効率のよい流れをつくるために, 整流化と同時に,「多能工化」を進めることが重要である. 工程毎に同じ加工を複数台作業する「多台持ち作業」から, 工程の進行に従って複数の工程を作業する「多工程持ち作業」にスキルアップが必要になる.「多能工化」により, 工

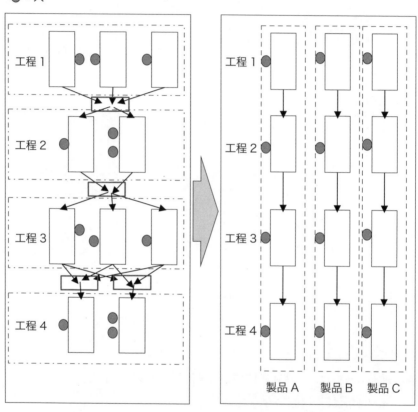

図5.15 整 流

程間の作業連携がより強くなり，工程間の助け合い作業も可能になる．整流化を進めるうえで，必要不可欠な取り組みが「多能工化」である．

図 5.16 の例のように，「多能工化」による「多工程持ち作業」，さらに助け合いを行う事例として，工程を連結させて作業者が前後の作業を助け合う「助け合いライン」や，さらに移動や運搬のムダを排除するためにレイアウトを工夫した「U字ライン」の事例などがある．また，一部の多品種少量機種への対応については，「多能工化」や多工程持ちをさらに進めて，一人や少人数ですべての作業をこなす「セル化ライン」も有効である．

4) 作業者間の連携のしくみ（標準作業と助け合い）

標準作業と作業の助け合いにより，作業者間をつなぐことができる．「作業者間の連携のしくみ」をつくるステップを，図 5.17(pp.114～115)に示す．

[ステップ 1]

作業者毎の作業がお互いに連携がなく，仕掛りを溜めて生産を行っている状態である．この状態では，個々の標準作業は設定できるが，それぞれの作業の連携は希薄で，つくり過ぎのムダが発生することが多い．このような状態でつくり過ぎのムダをコントロールするためには，小まめな生産管理によるコントロールが必要になる．

図 5.17 の例では，A，B，Cそれぞれの作業者で，別々の標準作業を行い，それぞれの作業者では一見，効率がよいように見えるが，作業者間には仕掛りが滞留し，停滞が発生している．

[ステップ 2]

作業者間の過剰な仕掛りを排除して，作業者間を標準作業でつなぐ．それぞれの作業をタクトタイムで連携させて，つくり過ぎのムダをなくす．しかしまだこの段階では，作業者間の助け合いのしくみができてお

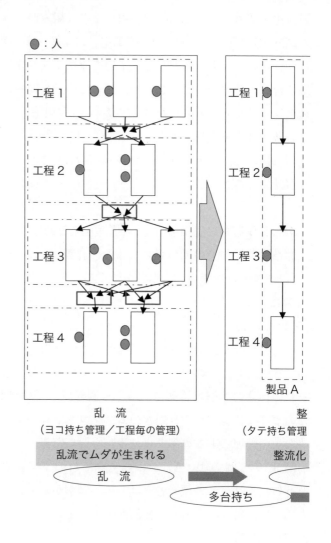

図 5.16 整

5.2 流れづくりによるムダ取り　113

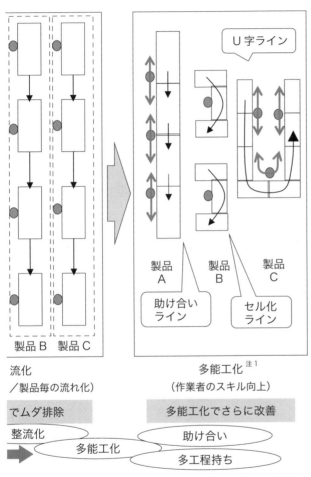

注1　多能工：複数の工程を作業できる能力を持った作業者

流と多能工化

114

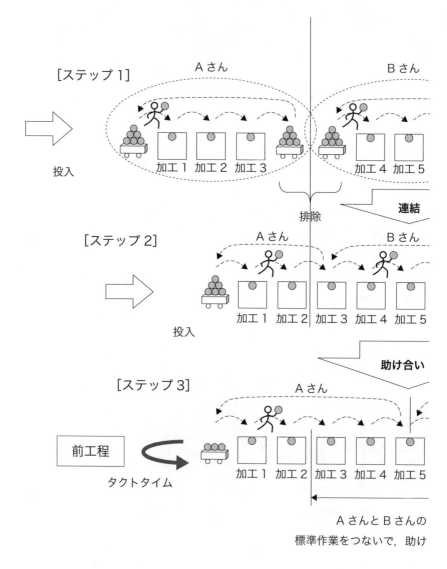

AさんとBさんの標準作業をつないで，助け

図 5.17 標準作業

5.2 流れづくりによるムダ取り　115

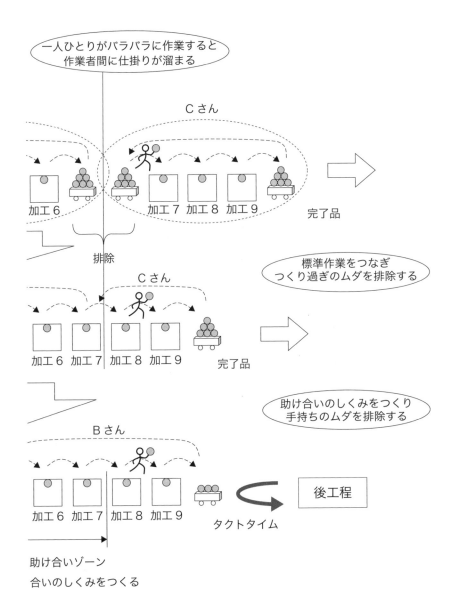

らず，作業時間のばらつきが発生すると手待ちのムダになる．この状態で手待ちのムダをなくすためには，作業者間の作業のつなぎの置場にばらつきの量だけ標準手持ちを多く設定しなければならない．

図5.17の例では，A，B，Cの作業者間の停滞は排除できたが，それぞれの作業は単に連結しただけで，作業時間のばらつきやタイミングのズレにより作業者に手待ちや作業の遅れが発生する．その結果，全体の作業効率や，生産性が低下する恐れがある．

[ステップ3]

作業者間の連携の部分に助け合いができるルールやしくみをつくる．作業者は自分の工程の作業だけでなく，前後工程で助け合う作業について作業できるようにスキルアップする．助け合いゾーンで助け合いを行うことで，作業時間のばらつきによる手待ちのムダや作業遅れが改善され，標準手持ちを増やすことなく作業を連携させることができる．

図5.17の例では，A，Bの作業者の作業ポジションにおいて，隣り合う数工程を「助け合いゾーン」として設定する．「助け合いゾーン」では，A，Bのどちらの作業者も作業が行えるので，Bさんの作業が遅れたときはAさんがカバーし，Aさんが遅れたときはBさんがカバーして作業を行う．作業の受け渡しポジションは，「助け合いゾーン」の中で，臨機応変に変動する．Bさんが半製品を完了させてAさんの作業を受け継ぐ状況によって受け渡しポジションが変化する．

助け合いにより，作業の手待ち，工程間のつくり過ぎがなくなり，流れがつながり，生産性が向上する．

工程内の作業者が連携できれば，さらに前後工程も含めて連携するしくみをつくる．全体の連携は工場全体の工程を同期化するタクトタイムを設定し，全体を標準作業でつなぐ．多機種や生産変動に対応するための全体をつなぐしくみは，かんばん方式や情報を共有化できる生産管理システムなどを現場で少しずつつくり上げて，モデル機種から始めて全

体へ広げていく．

5) 工程間の連携のしくみ

　作業者間の連携づくりの次に，全体をつなぐ流れづくりとなる「工程間の連携のしくみ」をつくる．各工程をつなぐためには工程間をつなぐしくみが重要になる．各工程間が隣り合っていれば，前後工程で標準作業をつなげばよいが，工程間が離れていると単純に作業をつなぐのは難しくなる．離れた各工程をつなぐために工程間をつなぐ連携のしくみが必要になる．

　工程間を連携させるためには，工程間の運搬を行う作業者が重要になる．工程間の運搬作業者は工程間をスムーズに効率よく運搬する意味を込めて「みずすまし」と呼ばれ，工程連結の役割を負う．**「みずすまし」** とは，部品や完了品を供給，運搬する者のことをいう．置場と作業エリアの間を，スムーズに効率よくモノを運搬して回ることから，水上を旋回する"水すまし"にたとえられる．工程間をつなぐ「みずすまし」も，作業者と同様に標準作業を設定し，作業手順，タクトタイム，1回の運搬量である標準手持ちを設定する．

① 多くの材料を扱う(多部材型)のモノの流れ

　多くの材料や部品を組立てたり，組合せたりする現場での連携方法について検討する．それぞれの組立や加工エリアでの各作業者は，標準作業をつくり，エリア内の作業者は標準作業で連携する．工場への部品の受入である部材エリアから，各加工・組立エリアまでの運搬，また，加工エリアから他のエリアへの運搬，さらに完成品の運搬は，「みずすまし」が担当する．すなわち工場全体のエリア間の搬送は「みずすまし」が全体を一括して担当する．

　「みずすまし」の運搬も作業エリアの作業と同様に標準作業を設定す

る．加工・組立エリアの標準作業と同じく，全体と同期したタクトタイムで作業を行う．

図5.18(pp.120〜121)の例では，2名の「みずすまし」が部品，中間品，製品の配膳，運搬を行っている．「みずすまし1」は，部材エリアと工程1(サブ組立・加工エリア)と中間品棚までの流れをつないでいる．

① 必要な部材を生産管理情報の作業手順に従って部材棚からピッキングする．
② 部材を工程1に搬送する．
③ 部材をサブ組立・加工エリアへ配膳する．

このような手順で，標準作業に従って必要なモノを，必要な順序で全体のタクトタイムに従って搬送する．

「みずすまし2」も同様に，部材エリア，中間品棚，工程2(メイン組立エリア)，製品エリアを標準作業に従ってつないでいる．これらの「みずすまし」が，工場全体をつなぐ役割を果たしている．

「みずすまし」が必要なモノを必要な量だけ必要なタイミングで各エリアに届け，各工程は届けられるモノと情報に従って作業するしくみをつくりあげる．

多部材型の連携，「みずすまし」の部品運搬には，「かんばん」などの改善のツールを使うと，より効率的な工程間の連携のしくみが構築できる．

基本的な「かんばん」のしくみを図5.19(pp.122〜123)に示す．

「かんばん」とは，エリア内のモノの量を必要量に制御するための目で見る管理の札(カード)である．エリア内のモノに張りつけてモノと一緒に動かす．

「かんばん」には，基本的に次の2種類がある．

① 生産指示かんばん：単一の生産エリア内で適用する．

② 引取りかんばん（図5.20）：エリア間のモノの引取り（受け渡し）に適用する．

「かんばん」運用の3つの基本的ルールは次の通りである．

① 運用する工程内や範囲に必要な仕掛り量を設定し，必要量分だけの「かんばん」枚数を発行し管理する．

② 発行・運用する「かんばん」は，運用エリア内では，必ずモノにつけて，モノと一緒に動かす．

③ 作業完了後の「かんばん」をつけたモノが，運用エリアからエリア外へ引き取られたら，モノから「かんばん」を外し，「かんばん」は，運用エリアの先頭から，次の作業前のモノと一緒に生産，または引取りを行う．

図5.19の例では，「生産指示かんばん」は，生産指示エリア内のモノすべてに「かんばん」を貼りつける．「生産指示かんばん」の運用は，次の通りである．

① エリアの完了品が次工程から引き取られたら，「かんばん」を外し，投入に送る．

② 外れた「かんばん」が投入に戻ると，次のモノに「かんばん」を

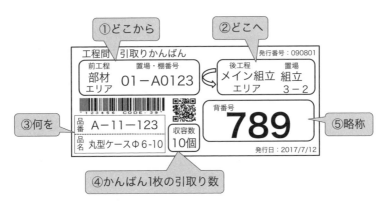

図5.20　かんばんの例（引取りかんばん）

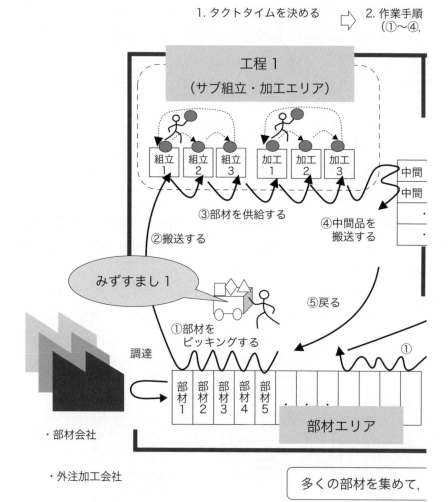

図 5.18　多部

5.2 流れづくりによるムダ取り

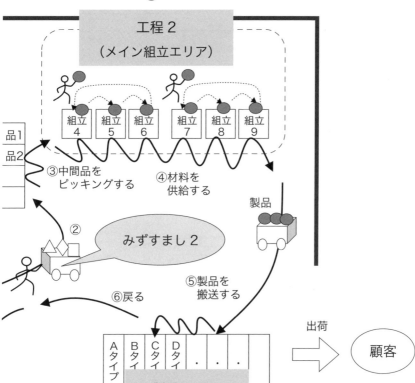

材組立型モデル

- エリア内の生産に適用する
- エリア内の仕掛り量を抑える
  （かんばん枚数しか生産しない）
- 生産指示情報を伝える

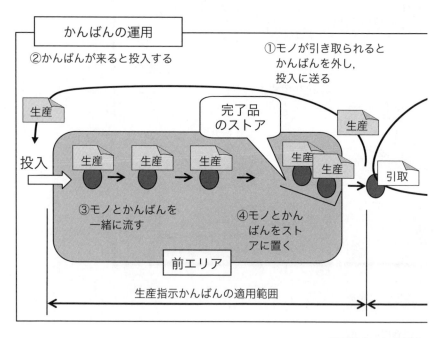

図5.19　かんばん

5.2 流れづくりによるムダ取り

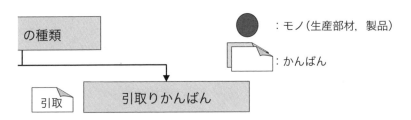

- ・エリア間の引き取りに適用する
- ・エリア間の仕掛り量を抑える
  （かんばん枚数しか引き取らない）
- ・引取り情報を伝える
- ・エリア間のほか，部材の調達にも適用できる

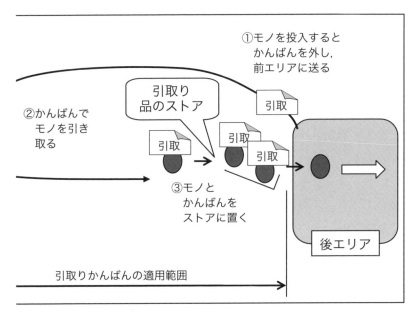

の種類と運用

つけて作業に投入する．
③　モノと一緒に「かんばん」をつけて作業を流す．
④　エリア内で作業が完了したらモノに「かんばん」をつけて，次工程から引き取られるまでストアに置く．

同様に，「引取りかんばん」も，前エリアと後エリアのモノの受け渡し作業の範囲に適用して，「かんばん」発行枚数で仕掛りを制御できるように手順，ルールを守り運用する．

「かんばん」は，工程間のモノの引取りを現場で管理でき，作業者（「みずすまし」）自身が，正常・異常がすぐにわかる，目で見る管理の道具として重要な改善のツールである．標準作業と共に運用するとより効果的である．

②　複雑で多くの工程からなる(多工程型)のモノの流れ

複雑で多くの工程からなる多工程型の現場でのモノの流れの連携方法について検討する．それぞれの加工・組立エリアでの各作業は，標準作業をつくり，エリア内の作業者は標準作業で連携する．改善の課題は，複数の加工・組立エリアをいかにして「みずすまし」がつなぎ，連携させるかである．

工程が多くなり，モノの流れが複雑になればなるほど，エリア間の連携は難しくなり，工程間の仕掛りも多くなる．「みずすまし」の運搬の標準作業をどのように設計するかが最も重要な課題である．多工程型の現場でも，全体のタクトタイムに合わせて標準作業を設定することが重要である．

「みずすまし」の標準作業は，全体の工程を一巡するルート(運搬の作業手順)をつくり，サイクル毎に何(製品のタイプや機種)を，どれだけ(標準手持ち量)運搬するかを設定する．

図5.21の例では，4つの加工エリアを「みずすまし」がつないでい

る．「みずすまし」の標準作業は加工エリア1,2,3,4の順に投入と運搬を作業手順に従って行う．各加工エリアでは，「みずすまし」の投入順に加工エリア内の作業者が標準作業に従って作業を行う．このように作業者と「みずすまし」が標準作業を守ることで，全体の作業がタクトタイムで同期化し，流れがつながる．

　このような基本の流れづくりから，さらに，多品種生産への対応は，まずモデル機種から取り組み，一つひとつ機種を増やして標準作業に組み込んでいく．多品種の投入方法は，日々の機種ミックスにより生産比率や投入順序を決定し，全工程が生産順序を維持できるようにする順序立てのしくみが重要になる．順序立て情報をいかに各エリアに伝えるか，生産情報共有化のしくみをつくる．多品種の流れづくりにおいても，「みずすまし」の運用と各エリアの標準作業の連携が基本である．全体が連携し工程がつながれば，工程間のムダが排除できリードタイムや生産性は格段に改善される．

5.2.2　作業者間のムダ取りの事例3
　　　　－流れづくりによるムダ取り－

　作業者間のムダ取りの事例3(流れづくりによるムダ取り)を図5.22 (pp.128～129)に示す．

【ステップ1】　現状把握

■手順1：現地・現物による現状の確認

　現場は金属の板材から，板金加工を行い，ボックスなどに整形する加工フロアである．工程は，

　① 材料板カット
　② バリ取り・曲げ加工
　③ 溶接加工(仕上げ・検査)

で完成出荷となる．

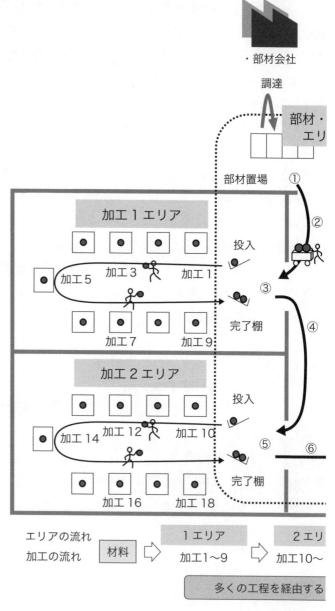

図 5.21　多工

5.2 流れづくりによるムダ取り

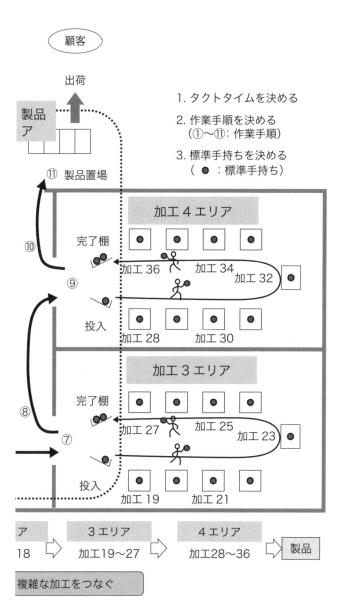

工程加工型モデル

<事例3> モノと情報の流れづくり	<ムダの着眼> つくり過ぎ(モノと情報)

改善前
1. 現状把握 ➡ 2. 分析

1. 現状把握
- 板材から，板金を加工し，成形品(製品)を製作するライン
- 実際の加工時間(約1〜2日)に対して，仕掛りを含めたリードタイムが7日間かかっていた
- 各工程間で，連携がなくバラバラに作業していた

2. 分析　<「モノと情報の流れ」の分析>

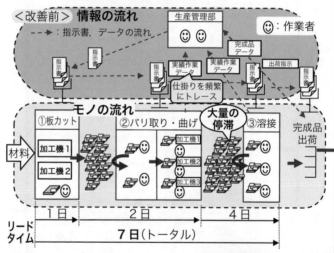

- ボトルネック工程(溶接工程)前に，多くの仕掛りが停滞していた

【なぜ仕掛りが滞留するのか】

なぜ仕掛りが滞留するのか	現場の仕掛り状態を見ずに，納期だけで投入指示する
	停滞品に，加工に必要な部材のモレ(欠品)が多発していた

何を(問題・課題・目標値)

図5.22　作業者間のムダ取りの事

5.2 流れづくりによるムダ取り

(の停滞)のムダ	＜改善の着眼＞ 工程間の連携づくり	No. 003

改善後
3. 対　策 ➡ 4. 標準化

3．対　策

- 作業者全員で，仕掛り削減の改善意識を共有し，仕掛りとリードタイムを30％削減する目標を掲げた(全員で徹底的に話し合い，助け合う意識をつくった)
- 各工程それぞれの必要量(仕掛り)を設定し，
  ①1日分以上は指示しない，②欠品のあるロットは流さない，③3Sを徹底する，というルールを遵守する

4．標準化

- 仕掛り削減(3Sの実践)により，作業者がモノを探したり，仕掛り部品のモレを確認したりする「動作(モノ探し)のムダ」がなくなり，作業工数が改善された

置場の3S

1. 生産性20％UP(生産能力維持，作業工数改善：11人⇒9人)
2. リードタイム7日⇒4日

どうした(成果)

例3－流れづくりによるムダ取り－

＜現状把握からわかった問題点＞

現場観察・ヒヤリングから，次の問題が挙げられた．
① 工程内の仕掛りが多く，実際の加工時間（約1日）に対してリードタイムが7日と非常に長い．
② 特に溶接加工の工程前に多くの仕掛りが滞留する．
③ 生産管理のトレース担当者は，納期確保のために現場でのモノ探しに追われる．

■手順2：目標の設定

「流れづくり」により，リードタイムを30%削減することを目標とした．

【ステップ2】 分　析

■手順1：現地・現物によるムダの分析

＜分析内容：モノと情報の流れの分析＞

モノと情報の流れ図を書きながら，
① どこにどのようなモノが停滞しているのか
② なぜ，停滞するのか

を分析した．

＜ムダの着眼＞

モノと情報の流れの分析，特にモノの投入のしくみを分析すると，
① 現場の仕掛りが必要以上に多くあるにもかかわらず，仕掛り状態を管理せずに，納期情報だけで投入指示する
② 停滞品の多くに，加工に必要な部品の不足（欠品）があり，加工できずに停滞する

の2つの原因が明らかになった．

【ステップ3】 対　策
■手順1：対策の検討

　対策の検討の前に，作業者全員で，仕掛り削減を行い，リードタイムを削減する目標を必達するよう改善の意識づくりを行った．全員参加で話合いをしながら，なぜ仕掛りが停滞するのか，停滞することでどのようなムダが発生しているのかを全員で考え，改善の意識を共有した．

　対策として，
　① まず，基本の3Sを徹底して行う
　② 3つの各工程には，それぞれ加工に必要な仕掛りしか投入しない
　③ 欠品のあるロット(製品)は投入しない
を徹底することとした．

■手順2：対策の実施(流れづくり)

　対策を3Sから始めて，工程毎の仕掛り置場を決め，投入管理のルール(1日分のみ投入，欠品のあるモノは投入しない)を徹底した．

　投入後の製品については，生産管理のトレース係を配置せず，現場の各工程の作業者が管理表を見て納期管理を行うように改善した．

【ステップ4】 標準化
■手順1：効果の確認・評価

　これらの改善で，リードタイム7日が4日となり，生産性が20％アップした．そして，同じ生産数を11人(改善前)→9人(改善後)で生産できるようになった．

■手順2：標準化

　投入のしくみを定着させ，特に置場の3Sを日常的にチェックし，改善が後戻りしないように標準化を図った．

第6章

つくり方
（不良・加工そのもの）
のムダ取り

つくり方(不良・加工そのもの)のムダ取りでは，
① 設備や作業の不具合などで発生する不良のムダ
② 付加価値と考えている加工や組立の作業の中に潜む，製品の機能に寄与しない(付加価値をつけない)作業や加工のムダ

の2つに着眼する．

つくり方に潜むムダに対しては，ムダの真の原因をとらえて対策を打つことが重要である．つくり方のムダ取りの方法は，「なぜなぜ分析」が有効である．

6.1 なぜなぜ分析によるムダ取り

6.1.1 つくり方のムダ取りの 方法 ：なぜなぜ分析

「なぜなぜ分析」については2.3節(p.41)を参照のこと．

6.1.2 つくり方のムダ取りの事例－なぜなぜ分析によるムダ取り－

【ステップ1】 現状把握

■手順1：現地・現物による現状の確認

事例は，汚れ不良の改善である．製品は，円盤形状の薄膜板基板(電子部品)である．円盤形状の薄膜板の表面を研磨，及び溝加工し，最終工程で洗浄して製品となる．不良内容は，図6.1のように，製品の薄膜表面に汚れが残るという不良であった．

製造工程の流れは，①表面加工，②洗浄，③検査である．不良の発生状況(図6.2)を確認すると，表面加工後の洗浄工程の洗浄機別に不良発生状況に違いがあった．また，月毎にも発生状況が変化していた．

まず，不良の現物を確認した．汚れ不良である表面の付着物は，本来，洗浄機で除去されるべき汚れで，その成分は，主に表面加工で発生する製品の切削粉や加工の潤滑液が表面に凝固して残ったものであっ

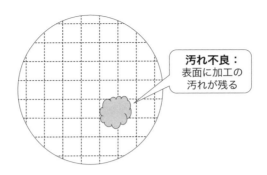

図6.1　汚れ不良（製品：円盤状薄膜基板）

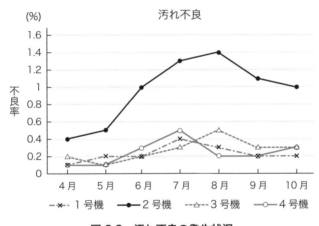

図6.2　汚れ不良の発生状況

た．

＜現状把握からわかった問題点＞

① 表面加工工程（表面加工機の状態と加工の潤滑液）をチェックし，異常のないことを確認した．

② 次に洗浄機について確認したところ，洗浄機の号機別データから，特に2号機で顕著に汚れ不良が発生していた．

■手順2:目標の設定

「現状把握」から,まず,最も不良の発生の多い2号機の不良率を他の号機並みに0.2%まで改善し,さらに第2段階の目標として,全号機に対して不良率を0.1%以下とする目標を設定した.

【ステップ2】 分 析

■手順1:原理・原則による原因追究の分析

ステップ2の「分析」では,「なぜなぜ分析」による不良の発生原因の追究を行った.

［なぜなぜ分析 手順①］問題の発生箇所を特定する

「現状把握」において表面加工工程の状態をチェックしたが,加工機,および潤滑液において異常は確認できなかった.現地・現物での調査から,不良発生箇所は洗浄工程で,洗浄機で除去すべき汚れが除去できなかったものと推定された.

［なぜなぜ分析 手順②］不良,トラブルの発生メカニズムを究明する

［なぜなぜ分析 手順③］原因を漏れなく洗い出す

まず,不良発生のメカニズムを究明するために,洗浄機の機能,構造を分析し,不良の要因となる各部位の機能を確認した(図6.3).洗浄機の工程は,次の4つの工程である.

① 工程1:洗浄液に全面を浸すディップ槽
② 工程2:温水の洗浄液でシャワー状に洗うシャワー工程
③ 工程3:純水で洗浄液をシャワー状に洗い流すシャワー工程
④ 工程4:表面を乾燥させる

図6.4に示すように,メカニズムを基に原因の仮説を立て,検証しながら要因の洗い出しを行い,問題発生の真の原因を追究した.その結果,洗浄機の各工程の中で工程2のシャワーの異常が推定されたため,

6.1 なぜなぜ分析によるムダ取り　137

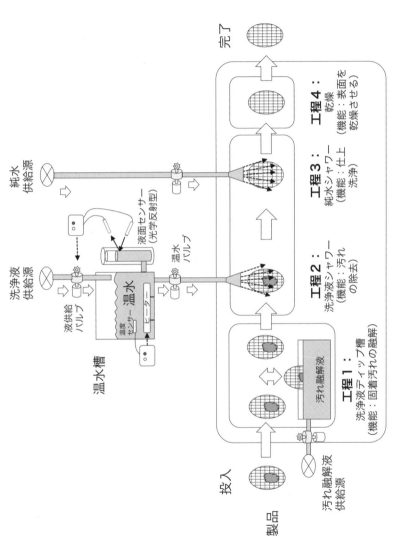

図 6.3　洗浄機のメカニズム

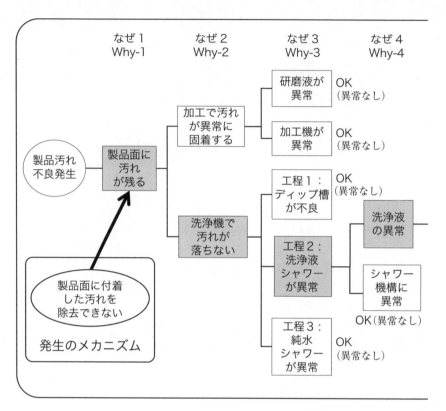

図6.4　要因の洗い出

さらに工程2の温水のシャワーの機能・構造を分析した(**図6.5**).

　工程2の温水シャワーは，温水をつくるために一旦，洗浄液を温水槽に溜めてヒーターで設定の温度に温めてからシャワーに供給する．また，シャワーの水量は温水槽の液面をセンサーで検知して規定の流量を確保する．

　これらの機能や稼働時の状態をチェックすると，温水槽の液面センサーで，ある条件下で稀に誤動作が発生し，シャワーへ十分に温水が供給されないという現象が起こることを発見した．

6.1 なぜなぜ分析によるムダ取り　139

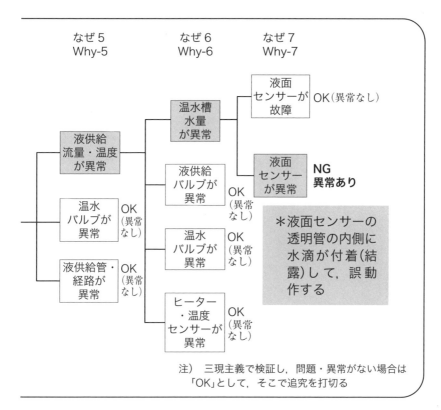

しと原因追究系統図

　液面センサーは光学レーザーの反射型センサーであった．通常の使用条件では特に問題なく，液の有無を検知していたが，液の温度と室温の差や湿度の条件によって，液面センサーの管の表面に水滴が結露する異常が発生していた．

＜分析からわかった点＞

　2号機は特に，設置場所が室外の環境の変化を強く受ける場所で，室外の日差しや外気の気温の変化で結露が起こりやすいことがわかった．

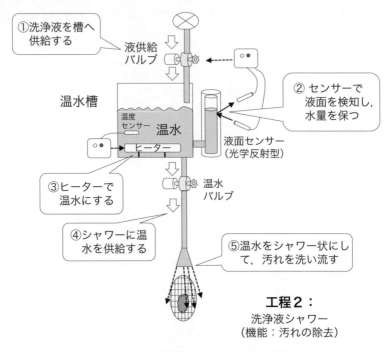

図 6.5 洗浄液シャワーのメカニズム

【ステップ3】 対　策
■手順1：対策の検討
　液面センサー管内の結露などの水滴による誤動作が真の原因の一つとわかり，対策を検討した．
　① 対策案1：反射型センサーをさらに高度な機能のモノに取り換えるか，または補助的なセンサーをもう1つ追加する
　② 対策案2：液面センサーの管を結露し難いモノに改良する
　③ 対策案3：液面センサーを結露しても誤動作しないように改良する
　これらの対策案の中で，根本的な再発防止策としては，管内が結露し

ても誤動作しない方法が最も有効な対策と考え，対策案3についてさらに検討を進めた．

■手順2：対策の実施

再発防止の対策として，結露しても誤動作しない方法を考案した(図6.6)．

光学反射型のセンサーを透過型にして，さらに液面フロートを追加することにより，液面を直接検知するよりも安定して検出できるように改良した．

対策は，まず，最も不良率の高い洗浄機2号機で実施し，効果を確認した後，その他の洗浄機3台にも同様の対策を実施した．全号機において，結露による誤動作の再発防止策を実施することにより，センサーの誤動作はゼロになった．

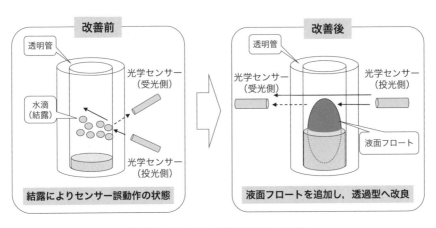

図6.6 センサー誤動作不良の改善

【ステップ4】 標準化

■手順1：効果の確認・評価

　2号機を含めて全号機において，汚れ不良の不良率も大きく改善され，0.56％（改善前）から0.11％（改善後）まで改善し，改善前の1/5にまで低減できた．

■手順2：標準化

　洗浄機の全号機で使用しているセンサーについて，同様な検知方法で反射型のモノがないか，結露などの不具合がないかを確認した．その結果，いくつかの同様な使用が確認されたので，改良型の検知方法を標準として順次改善を実施した．

第7章

ムダ取り活動の効果的な展開方法
（工場全体への展開）

第7章では，ムダ取りを工場全体で取り組む方法について考える．

7.1 工場全体へ展開するためのポイント

工場全体の改善推進に当たって重要なポイントは，次の5点である．
① 目指す姿の共有
改善の必要性，目標，進め方を従業員全員にわかりやすく説明し，工場や職場のモノづくりの目指す姿，改善の意識，改善目標を全員で共有する．
② 基本の遵守
工場における生産の基本(安全，3S，標準作業)を確立し，遵守する．
③ 改善の習慣
日々の生産活動の中に，改善のしくみを組み込み，日々改善を行う．
④ 全員参加
チーム活動を基本に，全員参加で行う．
⑤ 活動の継続
わかりやすく，やりやすく，明るくイキイキと継続できる活動を目指す．

7.2 工場全体へ展開するための4つの活動

前節の5つのポイントを踏まえて，職場の個別改善から，工場全体の改善へ展開するには，次の4つの活動が基本となる．
① 目指す姿と工場全体への展開ステップの明確化
工場全体の目指す姿と改善目標，及び展開のステップを描く
② 全員参加による改善のしくみづくり
従業員全員が参加する日々の改善のしくみ(習慣)をつくる

③　人の育成

人の育成，スキルアップのしくみをつくる

④　改善の評価と表彰のしくみ

改善の取組み，成果を評価し，表彰するしくみをつくる

7.2.1　目指す姿と工場全体への展開ステップの明確化

　工場全体で改善に取り組むためには，目指す姿を描きながら，モデルから全体へとステップを追って取り組む．全体で改善に取り組む前に，具体的にどのようなステップで改善を進めていくのか，自分たちの職場やモノづくりの形態に合った方法や改善ステップを見定めてから全体へ展開するとよい．工場全体への展開は以下の3つのステップで進める．

【第1ステップ】　モデルチームにより改善の方法やステップを検証し，標準化する

　第1ステップのモデルチームの活動メンバーは，モデル職場のメンバーの他に，第2ステップの全体への展開を考慮して，第2ステップの改善チームのリーダー候補者を含めて構成する．

　第1ステップのモデルチームの活動は，次のように進める．

①　工場全体の現状把握を行い，大まかな問題点と課題を洗い出す．
②　問題点と課題から，工場全体の目指す姿と改善目標を描く．
③　第1ステップのモデル職場を改善する．
④　モデル職場で取り組んだ方法や活動ステップを標準化する．

【第2ステップ】　モデルチームの各メンバーをリーダーとした改善チームをつくり，全体の職場へ展開する

　第2ステップでは，各職場で改善チームをつくり，モデルチームの各メンバーがそれぞれリーダーとなって，第1ステップで標準化した

方法や改善ステップにより改善を展開する．また，従業員全員に対し，現状把握で捉えた問題点と課題を伝え，第1ステップで描いた工場全体の目指す姿と目標を共有する．

【第3ステップ】 改善の教育や人材育成のしくみ，全員参加のしくみをつくる

第3ステップでは，改善チームで得られた改善の方法や改善ステップを基本に，従業員全員が参加できる小集団改善活動や，職場単位の改善活動に展開する．

7.2.2 全員参加による改善のしくみづくり

日常的に改善に取り組むしくみは，工場の稼動時間や従業員の勤務形態などによってさまざまな形が考えられるが，日々の改善を行うためには，

① ムダを従業員全員から引き出す(吸い上げる)しくみ

② チームで連携しながらムダを改善する活動のしくみ

の2つが重要である．

(1) ムダを従業員全員から引き出す(吸い上げる)しくみ

ムダを引き出すためには，従業員全員が仕事の中で感じたムダを気軽に提案できることが大切である．各作業者やメンバーが日常の作業や業務の中で感じたムダを，すぐに，手間なく提案できるしくみをつくる．

「ムダ提案シート」など，簡単なメモで容易に提案でき，誰もが見られるように掲示板などにすべて貼り出し，内容を確認，共有できるように工夫する．提案された内容を共有することで，ムダに対する意識づくりと活動への参加意欲につなげる．

また，提案されたムダに対しては，必ず上司が何らかの回答を行い，

シートや掲示板で回答が見える化するように工夫をする．例えば，提案に対し，改善テーマとして取り組むか，保留するか，取り組む場合は誰がいつまでに取り組むか，保留する場合はその理由を付け加えるなど，一目で対応がわかる掲示板にする．一つひとつの提案に PDCA を回して，しくみとして機能させることが何よりも重要である．

(2) チームで連携しながらムダを改善する活動のしくみ

提案されたムダに対して，改善テーマとして取り上げ，改善活動を推進するためのしくみをつくる．改善は比較的容易な対策で改善できるものから，難易度の高い，または時間やコストの要するものまで，さまざまなテーマが考えられる．いろいろなムダに対して適切なチームやメンバーで取り組めるように，テーマに応じて柔軟に対応できる改善チームづくりやしくみが必要になる．

日々の作業のムダ，安全や標準作業のレベルアップなどの職場毎のテーマは，それぞれの職場内で作業者が集まって取り組む．また，職場の作業チーム間や工程間のムダのテーマは，職場のリーダーや職長が集まって取り組むテーマとなる．それぞれのチームは日常業務の中で定期的に検討する時間と場を設定して，日々の業務の中に改善活動を組み込む．工場の生産に関する定期的な会議の中で，改善活動全体の目標を確認する．組織の階層毎や連携しなければならないチーム間で改善活動の役割分担と情報の共有や助け合いを行いながら，改善の計画と進捗が共有できるしくみ（会議体や改善の組織）が必要である．

また，現場の作業者による改善チームには，職場のリーダーや職長，マネージャーが定期的に参加し，活動の状況や，メンバーへの意識づけ，励ましやサジェッションを与えることも重要である．各改善チームの活動が孤立することなく，全体のチームが連携できるような機会をつくることも，しくみの重要なポイントである．

7.2.3 人の育成

　改善活動の継続においては，改善の意識をいかに現場に根づかせ，さらにモチベーションを維持し続けるかが大切であり，また困難な点でもある．多くの工場が改善活動に取り組み，イベントのように一定期間は活動するが，それ以降は改善が下火になり継続できなくなるという問題を抱えている．改善活動をイベントのような一過性の活動にしないためには，活動の主体である人材をどのように育成するか，改善のしくみの中に人材育成や評価・表彰制度をいかに組み込むかが重要なポイントである．

　人の育成は，
- ① 改善の意識(改善の必要性，重要性)
- ② ムダの着眼，ムダ取りの方法(分析・改善手法)
- ③ 改善の進め方(改善の手順)
- ④ 改善チームによる活動の進め方

などの内容について，各自のレベルに合わせて行うことが重要である．

　例えば，生産現場に配属された新人には，モノづくりの基本をわかりやすく指導して，安全や3S，標準作業の習得を目標とする．また，基本を習得した中堅メンバーには，基本の作業をどのようにレベルアップするのか，改善の進め方(改善の手順)を具体的にOJT(On the Job Training：実際の仕事の中で仕事を通して教えるトレーニング)で教える．このような各自のレベルに合った階層的な教育を，講師役も含めて，職場内で分担しながら伝授していくことで，受講する側のスキルアップだけでなく，講師役のリーダーシップスキルの向上にもつなげる．

　人の育成の継続的なしくみは，このようにスキルアップと共に教えられる側から教える側へ，チーム活動のメンバーシップのスキルから，リーダーシップのスキルへとレベルアップさせながら引き継いでいく．

7.2.4 改善の評価と表彰制度

　改善活動の成果，及び改善スキルの評価・表彰制度も改善モチベーションの維持・向上に重要である．

　改善活動の評価表彰制度では，その対象は，次のようなしくみや場がある．

① 現場のムダ(問題・課題)を吸い上げるしくみ
② 改善活動を評価するしくみ
③ 成果を発表する場や機会
④ 改善活動を共有化するしくみ

　現場のムダを吸い上げるしくみでは，提案を多く出す人を表彰することも活性化につながる．

　改善活動を評価するしくみや成果を報告・発表する場をつくることも重要である．改善活動の評価は，

① 成果・効果(生産性や品質，コスト削減，納期や生産スピード，安全性の向上)
② 活動の難易度や努力の度合
③ 活動の新規性(新しい取組み，チャレンジ度，新方式の開発)
④ 活動のスピード

などを評価して定期的に取りまとめて審査し，優秀な取組みは報奨を含めて表彰する．これらの表彰制度を基礎にして，半年や1年毎に成果を従業員全員に発表する場として成果報告・発表大会を企画すると，さらにモチベーションの維持・向上に結びつく．

　また，各年度で成果を上げた改善の取組み内容については，改善のノウハウやアイデア，活動のポイントを従業員全員で共有するしくみをつくる．改善のテーマやムダの着眼，アイデアのポイント毎に分類して，いつでも誰でも閲覧でき，改善のヒントが得られるようにまとめてデータベース化する．

また，改善を日々の業務と分けてとらえるのではなく，日々の業務の中の重要なスキルとしてとらえて，日常の活動として改善に取り組めるように，人のスキルの評価制度の中に改善スキルの評価を組み込む．改善スキルの評価は次のような内容で行う．
　① モノづくりの基礎(安全作業，3S，標準作業)
　② ムダの着眼とムダ取りのスキル
　③ 改善指導のスキル

　このような評価の他に，最も優秀な作業者にはモノづくりの匠を表すマイスターなどの資格を付与して評価・表彰すると，改善意識やモチベーションのさらなる向上につながる．

引用文献・参考文献

1) 香川博昭：『実践 IE の進め方』，日科技連出版社，2007 年．
2) 香川博昭：『現場改善力』，日科技連出版社，2009 年．
3) 細谷克也(監修)，香川博昭(著)：『事例でわかる設備改善』，日科技連出版社，2013 年．
4) 細谷克也(編著)，香川博昭・土田富博・西山雄一郎(著)：『見て 即実践！事例でわかる標準化』，日科技連出版社，2012 年．
5) 細谷克也(編著)，高橋一嘉・西山雄一郎(著)：『New5S 実践マニュアル』，日科技連出版社，2008 年．
6) 細谷克也(編著)，井戸達也・窪田和司・塚本裕久・西山雄一郎・長谷川靖高・福西康和(著)：『New5S 活動事例集』，日科技連出版社，2014 年．
7) 細谷克也・村川賢司：『実践力・現場力を高める QC 用語集』，日科技連出版社，2015 年．

索　引

【英数字】

2S　63
3S　62, 63, 106
　　──によるムダ取り　62
5S　62
7つのムダ　9
Combine　73
CT　21
ECRS　62, 69, 73, 74
Eliminate　73
Environment　5
LT　40
OJT　148
PQCDSME　5
QCDSME　5
Rearrange　73
Simplify　73
TT　85

【あ行】

イレギュラーな作業　21
運動量　71
運搬時間　33
運搬のムダ　9, 10

【か行】

改善スキルの評価　150
改善チーム　145, 147
加工そのもののムダ　9, 13
加工点　10, 69
かんばん　118
　　──の種類と運用　122
原因追究　46, 58
現状把握　45, 54, 55
原則　59
現地・現物　30, 33
現地・現物・現実　46
現場には必ずムダがある　3
現場のムダ　8
現場のムダはこうして見つける　1
原理　58
原理・原則　49, 58
工場全体へ展開するための4つの活動　144
工場全体へ展開するためのポイント　144
工程間の連携のしくみ　117

【さ行】

サイクルタイム　11, 21
在庫のムダ　9, 12
作業組合せ表　24
作業者間のムダ取り　14, 15, 83
作業者間のムダを見つける方法　26
作業者間の連携のしくみ　111
作業手順　21, 63, 69, 84
作業のムダ取り　14, 61
作業のムダを見つける方法　18
作業分析　18, 25
作業ポジション　78, 87
撮影ポジション　18

三現主義　45
情報の流れ　33, 36
職場のレベル　5
人材育成　146, 148
真の原因　41
生産指示　11
　　――かんばん　118
生産リードタイム　36
清掃　62
整頓　62, 108
整理　62, 107
整流化　106, 108
全員参加　144, 146

【た行】

タイミングチャート　24
タクトタイム　84, 85
多工程型　124
多工程持ち作業　109
助け合い　106, 111, 116
　　――ゾーン　116
　　――ライン　111
多台持ち作業　109
タテ持ち管理　108
多能工化　106, 109
多部材型　117
小さな動作，楽な動き　69, 70
つくり方のムダ取り　14, 16, 133
つくり方のムダを分析する方法　41
つくり過ぎのムダ　9, 11
適正な作業域　69, 70
手待ちのムダ　9, 11
動作経済の原則　62, 69, 74
動作のムダ　9, 10

動線図　27, 31
　　――の作成手順　31
動線の短縮　69

【な行】

流れづくり　84, 104
　　――によるムダ取り　104
　　――の着眼点　106
流れ分析　26
流れ分析チャート　27, 32
　　――の作成手順　32
なぜなぜ分析　41, 45, 136
　　――によるムダ取り　134
　　――の進め方　41
　　――の手順　45
　　――分析の効果　49

【は行】

配置の工夫　69, 72
引取りかんばん　119
ビデオ分析　18
　　――による作業分析　21
　　――の手順　18
人の育成　145, 148
評価表彰制度　148, 149
標準化　5, 54, 60
標準作業　84, 106, 111
標準作業づくり　84
　　――によるムダ取り　84
標準手持ち　84, 85
付加価値とは　8
不良をつくるムダ　9, 13
分析　54, 58
　　――チーム　33

【ま行】

みずすまし　117
ムダとは何か　7
ムダ取り　13
　——活動の効果的な展開方法　143
　——実践の手順　53, 54
　——の3つのポイント　13
　——の実践はこうする　51
　——の対策がわかっている場合　54
　——の必要性　4
ムダはこうして見つける　17
メカニズム　41
　——の究明　47
目指す姿　144, 145
目で見る管理　118, 124
モノと情報の流れ図　33
　——の作成ルール　40
モノと情報の流れ分析　27, 33
　——の手順　33
モノの流れ分析　27
　——の手順　30
問題　4
問題と改善　4

【や行】

ヨコ持ち管理　108

【ら行】

乱流　109
リードタイム　40
レイアウト　30

【わ行】

ワンポイント指導票　67, 68

[監修者・著者紹介]

細谷 克也(ほそたに かつや)

1938 年	大阪府生まれ
1983 年	日本電信電話公社(現 NTT) 近畿電気通信局調査役を経て退職
現　在	㈲品質管理総合研究所 代表取締役所長，(一財)日本科学技術連盟嘱託，技術士(経営工学部門)，上級品質技術者，QMS 主任審査員，品質管理検定 1 級，QC サークル上級指導士，デミング賞委員など．デミング賞本賞受賞(1998 年)，日経品質管理文献賞受賞(9 回)．品質管理関係セミナー講師のほか，多くの企業の TQM・QC 指導を担当．
著　書	『QC 的ものの見方・考え方』(単著)，『ISO 9001 プラス・アルファでパフォーマンスを向上する』(編著)，『見て 即実践！ 事例でわかる標準化』(編著)，『[新レベル表対応版]QC 検定受検テキスト 1 級～4 級(全 4 巻)』(編著)，『QC 的問題解決法』(単著)，『TQM 実践ノウハウ集 第 1 編～第 3 編(全 3 巻)』(編著)，以上は日科技連出版社．全 138 冊を刊行．

香川 博昭(かがわ ひろあき)

1958 年	大阪府生まれ
1982 年	静岡大学工学部卒業
同　年	新日本電気株式会社入社．生産設備の開発設計，IE(Industrial Engineering)推進，トヨタ生産方式の導入展開，TPM(Total Productive Maintenance)活動，QC サークル活動などを手がける．生産革新推進室長を経て，現在に至る．
現　在	香川改善オフィス 代表 現場改善，ムダ取り関係セミナー講師のほか，国内及び海外企業の現場改善指導を担当．
著　書	『実践 IE の進め方』(日科技連出版社，2007 年) 『現場改善力』(日科技連出版社，2009 年) 『事例でわかる設備改善』(日科技連出版社，2013 年)

ムダ取りの実践
――7つのムダはこうつぶす――

2017年11月25日　第1刷発行
2025年 7月17日　第4刷発行

監　修　細谷克也
著　者　香川博昭
発行人　戸羽節文

検印省略

発行所　株式会社 日科技連出版社
〒151-0051　東京都渋谷区千駄ケ谷1-7-4
渡貫ビル
電話　03-6457-7875

Printed in Japan

© Hiroaki Kagawa 2017
ISBN 978-4-8171-9600-2

印刷・製本　NS印刷製本㈱

URL　https://www.juse-p.co.jp/

本書の全部または一部を無断でコピー，スキャン，デジタル化などの複製をすることは著作権法上での例外を除き禁じられています．本書を代行業者等の第三者に依頼してスキャンやデジタル化することは，たとえ個人や家庭内での利用でも著作権法違反です．

――――――― 日科技連出版社の書籍案内 ―――――――

現場改善力
――流れづくりによる現場改善の進め方――

香川博昭［著］
A5 判，128 頁

　現場改善力とは，「分析力」「設計力」「実践力」を総合して，現地・現物，原理・原則で現場を変えていく力のことです．

　本書は，現場でムダが発生しがちな工程間，部門間のつなぎ部分のレベルを改善し，現場を変えていくために必要なエッセンスを集め，図解を中心としてわかりやすく解説しています．

見て 即実践！ 事例でわかる標準化

細谷克也［編著］
香川博昭，土田富博，西山雄一郎［著］
B5 判，200 頁

　実際に使用され効果を上げている良い標準(帳票)を精選し，具体的に図表で示し，そのポイントを丁寧に解説しています．

　方針管理，日常管理，新製品開発，品質保証，利益・原価管理，販売・受注管理，人材育成などの例が豊富に提示されているので，自社ですぐに使え，役に立ちます．

★日科技連出版社の図書案内は，ホームページでご覧いただけます．　●日科技連出版社
　URL　http://www.juse-p.co.jp/

―――日科技連出版社の書籍案内―――

事例でわかる設備改善
― 保全の基礎から改善の実践まで ―

細谷克也［監修］
香川博昭［著］
A5 判，160 頁

　本書は，設備に起因する問題を，現場確認から始めて，現状を見続けて分析し，対策を捻り出していく，そのための基本的な考え方，具体的な方法，そして，実際の事例を紹介しています。

実践力・現場力を高める QC 用語集
― QC 検定に役立つ ―

細谷克也・村川賢司［著］
A5 判，276 頁

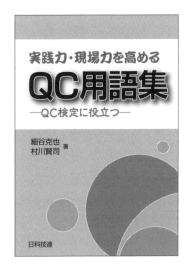

　本書は，部課長・スタッフ，および職場第一線の方，QC サークルリーダー・メンバーに対して，日常の仕事や業務を合理的・効果的・効率的に遂行するために，これだけは知っておいてもらいたいという基本的な QC 用語を厳選し，正確で，平易な解説をした用語辞典です。

★日科技連出版社の図書案内は，ホームページでご覧いただけます。●日科技連出版社
　URL　http://www.juse-p.co.jp/

―――――― 日科技連出版社の書籍案内 ――――――

超簡単！　ExcelでQC七つ道具・
新QC七つ道具　作図システム
Excel 2013/2016/2019対応

細谷克也［編著］
千葉喜一，辻井五郎，西野武彦［著］
A5判，160頁，CD-ROM付

〈本作図システムの機能と特長〉

① 問題・課題解決活動などにおいて，QC七つ道具・新QC七つ道具が**簡単に，短時間で作成できる**．

② **数値データはもちろんのこと，言語データの解析も**Excelを使って作図できる．

③ Excelに詳しくなくても，画面の操作手順に従って**ボタンをクリック**すれば，QC七つ道具・新QC七つ道具が簡単に作図できる．

④ 図の**背景色，線の太さ，フォント**なども好みに応じて調整できる．

⑤ アウトプットの**事例を豊富に**そろえているので，図の完成イメージが簡単にわかる．

⑥ グラフ，管理図やマトリックス図などでは，数種類のメニューのなかから**必要な図を簡単に選択**できる．

⑦ パレート図や散布図などでは，出力結果に対して**「考察」が自動的に表示**され，修正・追記が可能である．

⑧ **ヘルプボタン**をクリックすることにより，ソフトの使い方が容易にわかる．

⑨ 見栄えのよい，わかりやすいレポートの作成に有効である．

⑩ 一般のプレゼンテーション資料の作成にも使える．

★日科技連出版社の図書案内は，ホームページでご覧いただけます．●日科技連出版社
　URL　http://www.juse-p.co.jp/